46 Gesunde Schildkröten

Extras

Typisch Schildkröte

Wer eine Schildkröte pflegen möchte, kann auf gut 40 Jahre wissenschaftlicher Erkenntnisse bauen. Man kennt die Lebensbedingungen in freier Natur, die Futterzusammensetzung, den Aktivitätsrhythmus der Tiere sowie deren Ansprüche an die Haltung in Menschenobhut.

Schildkröten

AUTOR: HARTMUT WILKE | FOTOGRAFIN: CHRISTINE STEIMER

Inhalt

Grundsätzliches zur Haltung

Mit diesem Ratgeber erhalten Sie einen fundierten Leitfaden an die Hand, um sich ein Bild über die Grundlagen der Schildkrötenhaltung zu machen. Mit ihm können Sie planen und Arten kennenlernen, die selbst für Anfänger in der Schildkrötenpflege geeignet sind, weil sich die Lebensansprüche der Tiere relativ einfach erfüllen lassen.

Sich gut informieren Es gibt keine bessere Vorbereitung, als Kontakte zu Schildkröten-Arbeitsgruppen und -Vereinen zu knüpfen (→ Adressen, Seite 62). Diese bieten generell eine gute Plattform für die Weiterbildung und den Erfahrungsaustausch.

Ein gesundes Tier erwerben

Die grundlegende Voraussetzung dafür, viel Freude an einer Schildkröte zu haben, ist der Kauf eines gesunden Tieres. Selbst Neulinge in der Schildkrötenhaltung können gesunde von kranken Tieren unterscheiden, wenn sie die Checkliste auf Seite 53 beherzigen. Lesen Sie außerdem meine Empfehlungen in diesem Ratgeber, wo und wann Sie Ihr Tier am besten kaufen. Alle wichtigen Hinweise dazu finden Sie auf Seite 24 f.

Quarantäne beachten Eine europäische Landschildkröte müssen Sie nach der Anschaffung als Quarantänetier betrachten, das heißt, Sie dürfen in dieser Zeit keine weiteren Tiere aus anderen Bezugsquellen dazu erwerben. Grund ist ein tödliches (Rana-)Virus, das seit Ende 2007 bekannt ist und erst nach monatelanger Haltung ausbrechen kann. Es führt zu Entzündungen an Maul und Augenlidern. Da die Infektion in aller Regel bei Neuzugängen auftritt, sind Schildkrötenhalter inzwischen sehr vorsichtig geworden, was wiederum die Möglichkeiten einschränkt, mit fremden Tieren Zuchtgemeinschaften einzugehen.

Entwicklungsgeschichte der Schildkröte

Heute leben mehr als 200 verschiedene Schildkrötenarten auf der Erde. Warum aber gibt es so viele? Das ist rasch erklärt: Stellen Sie sich eine einzige »Urschildkrötenart« vor, die vor über 230 Millionen Jahren existiert haben könnte. Ihre Nachfahren müssten heute sowohl in der Wüste als auch im Meer, sowohl bei Hitze als auch bei Kälte und Schnee gleichermaßen überleben können. Das ist jedoch schlichtweg nicht möglich.

Aufspaltung in zahlreiche Arten

Den Schildkröten gelang dieses »Kunststück« nur mithilfe einer biologischen Zauberformel, die da heißt: Aufspaltung in Arten durch Anpassung. Je nach ihrer genetischen Veranlagung begaben sich die Schildkröten in unterschiedliche Lebensräume, die sie am besten »ertragen« konnten und die möglichst noch nicht durch andere Arten besetzt waren. Dort haben sie sich dann an die vorherrschenden Umweltbedingungen angepasst, indem sie beispielsweise ihre Körperform veränderten.
Landschildkröten konnten auf diese Weise groß und schwer werden, sofern sie keine Feinde hatten. Auf den Galapagosinseln und den Seychellen etwa wuchsen sie zu wahren Riesen heran.
Wasserschildkröten dagegen bildeten einen flachen, strömungsgünstigeren Körperbau aus. Dieser ist für sie von größerem Vorteil, da es ihnen nur so gelingt, sich schnell und effizient unter Wasser fortzubewegen.

Verschiedene Panzerformen

Der Schildkrötenpanzer hat – je nach Art – nicht nur seine Form verändert, sondern auch seine Struktur und Festigkeit. Ein paar Beispiele mögen dies verdeutlichen:
› Bei Weichschildkröten ist der Panzer zu einer zähen, elastischen Haut zurückgebildet. Die eigentliche Verteidigungsstrategie dieser Tiere besteht darin, sich im Sand zu vergraben und dadurch

Schildkröten sind ein »Erfolgsrezept« der Evolution.
Seit über 230 Millionen Jahren leben sie auf der Erde.

Auf den Seychellen und Galapagosinseln konnten sich schwere, wehrlose Landschildkröten mit mächtig gewölbten Panzern ungestört entwickeln ...

... während sich etwa Pelomedusenschildkröten mit flachem Panzer an tropische Gewässer und sogar an deren periodische Austrocknung anpassten.

unsichtbar zu machen. Zugleich können sie sehr wehrhaft um sich beißen.

› Die Afrikanische Spaltenschildkröte lebt an Land. Sie besitzt einen sehr flachen Panzer, der sich so weit verdünnt hat, dass er elastisch geworden ist. Zum Schutz vor Feinden zieht sich diese Art in ihrem Lebensraum, der afrikanischen Savanne, in schmale Felsspalten zurück.

› Bei Dosenschildkröten wiederum sind die Panzer mit Scharnieren versehen. Sie gestatten ein völliges Verschließen des Panzers, sobald die Tiere Kopf und Gliedmaßen eingezogen haben.

Unterschiedliche Lebensweisen

Dank ihrer großen Anpassungsfähigkeit zählen die Schildkröten neben den Krokodilen zu den erfolgreichsten Überlebenden aus der Vorzeit der Großsaurier, und das seit vielen Millionen Jahren. Ein wesentlicher Faktor ist beispielsweise auch ihre Anpassung an die klimatischen Verhältnisse ihres Lebensraums.

Sommerruhe Als Reaktion auf heiße, trockene Wüstenklimate im Sommer und plötzlich einsetzende Winterkälte ist die Russische Landschildkröte manchmal nur drei Monate im Jahr aktiv. Den Rest des Jahres »verschläft« sie. Anders die im Wasser lebende Pelomedusenschildkröte: Sie übersteht das Austrocknen ihres Heimatgewässers, indem sie sich im feuchten Schlamm vergräbt. Dieser trocknet ebenfalls aus, und erst wenn der Boden durch Regen aufweicht, wird die Schildkröte wieder aktiv.

Winterruhe In den nördlichen Breiten überdauern Schildkröten generell die kalte Jahreszeit durch eine Ruhephase. Während ihrer aktiven Phase stellt ihnen ihr Lebensraum all jene Umweltbedingungen – ausreichend Sonnenlicht, warme Umgebungstemperaturen, Nahrung – zur Verfügung, auf die sich die einzelnen Arten spezialisiert haben.

Eiablage an Land Grundvoraussetzung für jede Art – egal, ob Meeresschildkröte im Ozean oder Weichschildkröte am Gewässergrund – ist, dass sie festes Land betreten muss, um ihre Eier abzulegen.

Ein Wildtier in Menschenobhut

Die Fähigkeit, sich anzupassen, die die Schildkröten über Millionen von Jahren hinweg entwickelt haben, bedeutet aber nicht, dass die Tiere auch in der Lage sind, sich an schlechte Haltungsbedingungen in Menschenobhut zu gewöhnen. Im Gegenteil: Sie sind darauf angewiesen, dass der Mensch ihre Ansprüche genau kennt und möglichst »naturgetreu« im Terrarium und in der Freianlage nachempfindet. Dann allerdings können sie bei guter Pflege zu lebenslangen Begleitern werden – Wasserschild-

kröten leben 40 bis 60 Jahre und Landschildkröten sogar 100 bis 120 Jahre lang.

Allergenfrei Schildkröten können auch für all jene Menschen einen liebenswerten Partner abgeben, die allergisch auf Tierhaare oder Federn reagieren, denn sie sind sozusagen allergenfrei. Ebenso sind sie dafür bekannt, dass sie so gut wie nie Krankheiten auf den Menschen übertragen. Lediglich vor Jahren einmal erfolgte eine Übertragung von Salmonellen – ein Einzelfall, der sich bislang nicht

Sumpfschildkröten freuen sich, wenn sie in der Freianlage »lebendes Futter« erjagen dürfen. Im Komposthaufen finden Sie leicht Schnecken, Käfer, Asseln und Würmer, die Sie Ihrer Schildkröte vorsetzen.

wiederholte, zumindest wurde davon nicht berichtet. Eine grundlegende Hygiene ist allerdings auch im Umgang mit Schildkröten immer zu beachten.

Wechselwarme Tiere

Ein ganz wichtiger Aspekt im Leben der Schildkröten ist die Tatsache, dass sie wechselwarm sind. Das heißt, dass sie ihre Körpertemperatur nicht selbst erzeugen, sondern aus der Umgebung »abholen«. Deshalb ist Sonnenlicht für sie ebenso wichtig wie die Möglichkeit, sich bei zu großer Hitze abkühlen zu können. Zwischen Wärmequelle und Abkühlung gezielt pendelnd, verbringen die Tiere einen Großteil des Tages und halten so ihre bevorzugte Körpertemperatur aufrecht. Diese ist nicht nur für eine ordnungsgemäße Verdauung erforderlich, sondern auch für die Mobilisierung des Immunsystems und Aktivierung des Stoffwechsels. Eine Missachtung dieses Anspruchs durch den Halter ist auch heute noch vermutlich der häufigste Grund für Siechtum und Tod der Schildkröte.

Die Körpersprache der Schildkröte

Wenn Sie eine Schildkröte pflegen, müssen Sie ihre Körpersprache verstehen lernen, vor allem die Signale, die anzeigen, dass sie sich in die Winterruhe (→ Seite 56) begeben möchte. Es kann passieren, dass vor allem Wasserschildkröten in größeren Freianlagen mit einem ausgeprägten Fluchtverhalten reagieren, selbst wenn der ihnen vertraute Mensch erscheint. Dies entspricht ihrem natürlichen Instinkt, denn sie lassen sich bei Gefahr von ihrem Sonnenplatz einfach ins Wasser fallen. Mit diesem Verhalten stellen sie ihren Wildtiercharakter heraus, den Sie respektieren sollten. In der Regel werden Schildkröten jedoch rasch mit der Person vertraut, die sie pflegt.

Verhaltensweisen richtig deuten

TIPPS VOM SCHILD-
KRÖTEN-EXPERTEN
Dr. Hartmut Wilke

GENAU BEOBACHTEN Befassen Sie sich eingehend mit Ihrer Schildkröte. Selbst wenn sie »nichts« macht, hat dies etwas zu bedeuten.

NACH DER BEDEUTUNG FRAGEN Was bewegt die Schildkröte dazu, jetzt so zu handeln, also etwa zu ruhen oder zu graben?

ANTWORTEN SUCHEN Finden Sie eine schlüssige Antwort auf Ihre Frage. Natürlich haben Sie diese am Anfang des Kennenlernens nicht so schnell zur Hand. Das wird nach einem guten Jahr aber der Fall sein, wenn Sie bei der Suche nach der Bedeutung des Verhaltens nicht aufgeben.

VERHALTENSWEISEN ERKENNEN Ohne Fachkenntnisse besteht die Gefahr, dass Sie bei der Interpretation des Verhaltens einfach nur ins Raten kommen. Nutzen Sie deshalb die Beschreibungen auffälliger Verhaltensweisen auf Seite 54 und ebenso die ausführlichen Schilderungen in der weiterführenden Literatur (→ Seite 62). Außerdem können Sie erfahrene Halter bitten, Ihnen anhand ihrer Schildkröten das Verhalten quasi »am lebenden Objekt« zu erläutern.

Grundlagen des Artenschutzes

Weltweit gehen die Schildkrötenbestände in freier Natur zurück. Zu ihrem Schutz – und dem von Flora und Fauna generell – wurden Gesetze erlassen, die den Besitz und die Haltung der Tiere sowie deren Zucht und Abgabe (ganz gleich, ob als Geschenk oder gegen Geld) regeln. Es wird zwischen Halter und Besitzer unterschieden: Wenn Sie das Tier pflegen, sind Sie der Halter. Dabei kann es –als Leihgabe – durchaus einem anderen Besitzer gehören.

Schutzstatus erfragen Ob Ihr Tier »besonders geschützt« ist, erfahren Sie bei der Unteren Naturschutzbehörde oder über das Bundesamt für Naturschutz (BFN) im Internet (→ Adressen, Seite 62). Ich empfehle Ihnen, sich vor dem Kauf Ihrer Schildkröte dort aktuelle Auskünfte einzuholen. Wollen Sie eine geschützte Art erwerben, so unterliegen Sie der gesetzlichen Verordnung zur Haltung und zum Handel nach EU-Recht und nach der Bundesartenschutzverordnung von 2005. Arten mit dem Status »besonders geschützt« sind meldepflichtig.

Beim Kauf beachten Sie handeln rechtmäßig, wenn Sie Ihre Schildkröte mit den behördlichen Papieren erwerben. Bei Importtieren erhalten Sie eine CITES-Bescheinigung. Zu allen Papieren gehört ein »Passbild« in Form einer (Foto-)Dokumentation. Züchter oder Händler stellen die Dokumente ordnungsgemäß aus und erläutern Ihnen die nächsten Schritte, die nötig sind, um das Tier legal zu halten.

Umgang mit dem Nachwuchs Spätestens, wenn Sie den Nachwuchs Ihrer Schildkröte abgeben wollen – sei es durch Verkauf, durch Teilnahme an einer Zuchtgemeinschaft oder als Geschenk –, dürfen Sie dies nur mit Genehmigung der Unteren Naturschutzbehörde und den entsprechenden Papieren. Bevor eine Haltungsgenehmigung erteilt wird, kann die Behörde Ihre Sachkunde und Ihre Anlage prüfen.

Eine artgerechte Unterbringung ist Voraussetzung für eine Haltungsgenehmigung, die die Untere Naturschutzbehörde erteilt.

Angaben bei der **Meldebehörde**

TIERE OHNE PAPIERE Folgende Angaben sind für die Meldebehörde wichtig: Name und Anschrift des Verkäufers, Bescheinigung des Verkäufers, die den deutschen und wissenschaftlichen Artnamen des Tieres sowie Angaben zum Geschlecht enthält.

FUNDTIERE Gemeldet werden müssen Datum und Fundort. Wenn Sie Sachkunde nachweisen können, also Kenntnisse zur Pflege und artgerechten Haltung, überlässt die Behörde Ihnen das Fundtier in der Regel unter Auflagen zur Pflege.

TIERE VOM ZÜCHTER Neben der oben angeführten Informationen benötigen Sie noch das Geburtsdatum der Schildkröte, Hinweise auf ein vorhandenes Zuchtbuch und Angaben zu den Elterntieren.

Schildkröten und Kinder

Mit fürsorglicher Anleitung können Sie ein Kind schon ab sechs Jahren in die Schildkrötenpflege einführen. Sie werden feststellen, dass Kinder in der Regel sehr geduldige und genaue Beobachter sind. Sie lernen schnell, Verhaltensänderungen wahrzunehmen – eine Grundvoraussetzung für einen verantwortungsvollen Umgang mit der Schildkröte. Natürlich müssen Sie Ihr Kind in der Pflege sozusagen »ausbilden«. Prüfen Sie sich bitte selbst, bevor Sie eine Schildkröte für ein Kind erwerben. Es könnte nämlich leicht sein, dass Sie die- oder derjenige sein werden, an dem die Pflege hängen bleibt – ein Leben lang. Ihr Kind sollte von Anfang an verstehen, dass die Schildkröte kein Schmusetier ist. Sie mag nicht ständig hochgehoben werden. Und auf dem Fußboden herumlaufen zu müssen, ohne Versteckmöglichkeiten zu finden, bedeutet für sie in erster Linie Schrecken und Qual.

Schildkröten und andere Tiere

Eigentlich sind sie nicht füreinander geschaffen, doch unter Beachtung des vorsorgenden Grundsatzes »Nie ohne meine Aufsicht« ist eine Begegnung in der Regel zu tolerieren – von Ihrer Schildkröte.
Hunde und Katzen schnuppern gern neugierig an der Schildkröte, drehen sie mit der Pfote um oder beißen gar hinein. Für die Schildkröte heißt das, dass sie ihr Ende nahen sieht und Todesangst hat. Es könnte auch passieren, dass Hund oder Katze scheinbar unbeteiligt warten, bis Sie das Zimmer verlassen haben. Dann machen sie sich ohne Ihre

Aufsicht an das neue »Spielzeug« heran. Beaufsichtigen Sie daher Ihre Vierbeiner stets sorgfältig.
Ratten könnten an jungen Schildkröten interessiert sein, Meerschweinchen, Hamster, Mäuse und Singvögel sollten hingegen keine Gefahr darstellen.
Einige Tiere draußen könnten der Schildkröte in der Freianlage gefährlich werden. Krähen etwa hacken größeren Schildkröten die Augen aus und tragen – ähnlich wie Elstern – kleinere Tiere als Beute davon. Aus diesem Grund brauchen die Schildkröten im Freien tagsüber einen Schutz (→ Seite 41) und nachts eine mardersichere Unterkunft.

So ist es richtig: Ihr Haustier darf die Schildkröte nicht als Spielzeug kennenlernen und nur in Ihrer Gegenwart in Kontakt mit ihr kommen.

Land- und Wasserschildkröten unterscheiden

Für Anfänger ist das kaum möglich zu erkennen, aus welchem Lebensraum eine Schildkröte stammt. In diesem Ratgeber stelle ich Ihnen Arten aus den Familien Landschildkröten, Halswender, Sumpfschildkröten und Schlammschildkröten vor.

Lebensraum-Test

Falls Sie einmal unvorbereitet in den Besitz einer Schildkröte gelangen – etwa, wenn Sie ein »streunendes« Tier in Ihrem Garten aufgreifen –, könnten Sie unsicher sein, zu welcher Gruppe Ihre Schildkröte gehört. Unterziehen Sie sie einem kleinen Test: **So geht's** Bieten Sie ihr sowohl eine Landfläche als auch eine angemessen große Schale mit Wasser an. Deren Rand darf nicht zu steil abfallen, damit kleine Landschildkröten leicht herausklettern können. Andererseits muss die Schale tief genug sein, damit eine Schlamm- oder Sumpfschildkröte mit dem Panzer untertauchen kann. Setzen Sie nun das Tier in den trockenen Bereich und beobachten Sie es. Die Schildkröte strebt das ihr vertraute Milieu – also Land oder Wasser – an und bleibt dauerhaft dort. So zeigt sie Ihnen, zu welcher Familie sie gehört. Nun wissen Sie auch in etwa, wie Sie Ihren Schützling so lange angemessen unterbringen und füttern können, bis Sie die Art endgültig und sicher festgestellt haben.

Die Nasenregion ist stumpf und mit Temperatursinneszellen besetzt.

Die Nasenöffnungen am spitzen Kopfende dienen Wasserschildkröten (unten) als »Schnorchel«.

Haltungsansprüche der **im Ratgeber genannten Arten**

MERKMALE	LANDSCHILDKRÖTEN	WASSERSCHILDKRÖTEN	SONDERFALL DOSENSCHILDKRÖTEN
BEMESSUNGS-GRUNDLAGE FÜR DAS TERRA-RIUM/AQUARIUM	Primär große Grundfläche erforderlich; Wasser nur in einer Schale vorhanden	Überwiegend Wasser; gute Schwimmer brauchen tiefes Wasser (40–50 cm), schlechte Schwimmer benötigen Kletterhilfen	Landteil überwiegt, der Wasserteil nimmt etwa ein Fünftel der Grund-fläche ein
REINE TERRA-RIENHALTUNG MÖGLICH	Nein	Je nach Art (→ Seite 22 f.) möglich	Nein
FREILANDHAL-TUNG IM SOM-MER EMPFOHLEN	Immer; Frühbeet oder Gewächshaus in der Frei-anlage	Meistens; Frühbeet oder Gewächshaus mit Teich-anlage kombinieren	Meistens; in der Regel mit Frühbeet in der Freianlage (Sumpflandschaft)
WINTERRUHE ERFORDERLICH	Immer; Überwinterungs-kiste, auch im Gewächs-hausboden eingelassen; Kühlschrank	Meistens; Überwinterungs-wanne, je nach Art im Aquarium bei abgesenkter Temperatur; Kühlschrank	Meistens; oft im Terrarium bei abgesenkter Tempera-tur möglich
SOMMERRUHE	Möglich	Möglich	Möglich
TECHNIK IM TERRARIUM	UV- und Spotstrahler	UV- und Spotstrahler, oft große Helligkeit und Heiz-filter erforderlich	UV- und Spotstrahler, auch Luftfeuchtigkeits-steuerung nötig
ANSCHAFFUNGS-KOSTEN	Hoch	Eher niedrig, vor allem bei großen Tieren	Hoch
ERNÄHRUNGS-GRUNDLAGE	Wiesenkräuter und Heu	Tierisches Eiweiß, im Alter auch pflanzliche Beikost	Gemischtkost
FERTIGFUTTER MÖGLICH	Wiesenheupellets, aber nur als Ergänzungsfutter	Als Beikost aufgetautes Frostfutter (Krebstiere, Fisch, Mäuse, Insekten); Futterpellets	Als Beikost aufgetautes Frostfutter (Krebstiere, Fisch, Mäuse, Insekten); Futterpellets
FRISCHFUTTER	Kräuter und Salat nach Angabe der Standard-mischung (→ Seite 48)	Grillen, Heimchen, Weiß-fische, Wasserflöhe, Schnecken, Regenwürmer	Schnecken, Regenwürmer, Kräuter laut Standard-mischung (→ Seite 48)

Körperbau und Sinnesorgane

Ohren

Das Hörvermögen der Schildkröte ist eher schwach ausgebildet. Niedrige Frequenzen (dunkle Töne) werden sowohl über das Ohr als auch über das Panzergewölbe erfasst. Das Trommelfell ist die runde Struktur in der Bildmitte.

Augen

Das Auge erkennt Objekte (Futter, Feinde) sehr gut in der Ferne. Im Nahbereich sieht es nur unscharf. Die empfindliche Hornhaut wird von einem Lidpaar mit ausgeprägtem Oberlid geschützt und von Tränendrüsen und den Harderschen Drüsen feucht gehalten.

Nase

Das Riechvermögen ist sehr gut ausgeprägt und führt die Schildkröte sicher zum Futter und zum Paarungspartner. Es übernimmt die Orientierung nahe am Objekt, wo das Auge nur noch verschwommen sieht. Wasserschildkröten riechen unter Wasser sehr gut. In der Umgebung der Nase und im Kopfbereich liegen Temperatursinneszellen.

Schuppen

Landschildkröten (oben) haben an den Beinen eine kräftige Beschuppung, ein solider Schutz bei eingezogenen Gliedmaßen. Die Haut der Wasserschildkröten (unten) besitzt nur kleine Schuppen und ist elastischer.

Panzer

Der Panzer erhält seine Form aus Hautknochen, die mit Rippen und Fortsätzen der Wirbelsäule zu einem tragenden Gewölbe zusammengewachsen sind. Zwischen den farbigen Hornplatten und dem Knochen liegt die Knochenhaut.

Beine der Landschildkröte

Sie besitzen feste, kegelförmige Krallen, die laufend nachwachsen. Die Vorderfüße sind abgeflacht (Abb.), die Hinterfüße säulenförmig rund. Die »Fingerglieder« liegen im Inneren der Extremitäten. Temperatursinneszellen an den Fußsohlen ermöglichen das Auffinden der gewünschten Bodentemperatur.

Beine der Sumpfschildkröte

Sie weisen bewegliche Fingerglieder mit scharfen, gebogenen Krallen auf. Dazwischen spannt sich die Schwimmhaut.

Welche Schildkröte passt zu mir?

Bevor Sie sich für eine bestimmte Art entscheiden, sollten Sie sich einige grundsätzliche Fragen stellen und mit »Ja« beantworten. So machen Sie sich bewusst, welche Verantwortung Sie übernehmen und welche Kosten damit verbunden sind.

Grünes Licht für eine Schildkröte?

› Wenn Sie Ihrer Schildkröte das »Ja-Wort« geben, gehen Sie eine lange Verbindung ein. Sind Sie dazu bereit? Immerhin weisen Wasser- und Landschildkröten eine Lebenserwartung zwischen 60 und 120 Jahren auf.

› Ein Aquarium mit 200 bis 400 l Fassungsvermögen wiegt samt Unterbau und Technik 250–450 kg, wenn die Anlage mit Wasser gefüllt ist. Dann lasten über 100 kg auf jedem der vier Beine des Unterbaus und erzeugen kleine »Druckpunkte«, die den Fußboden beschädigen können. Hält die Statik Ihrer Altbauwohnung das aus? (Betondecken haben in der Regel kein Problem mit diesem Gewicht.) Ist Ihr Vermieter mit der Wassermenge in der Wohnung einverstanden?

› Um heutigen Haltungsansprüchen zu genügen, werden viele Schildkrötenarten über den Sommer hinweg im Garten gepflegt. So gehört eine europäische Land- oder Sumpfschildkröte, sobald sie 10 bis 12 cm Panzerlänge erreicht hat, ins Freie. Im Idealfall hält man sie ausbruchsicher in einer Freianlage oder einem Teich – jeweils mit Glashaus –, zumindest aber in einer Anlage auf Terrasse oder Balkon. Können Sie Ihrem Tier diesen vermeintlichen »Luxus« bieten, der lediglich den Anspruch an natürliche Lichtverhältnisse, körperliche Bewegung und naturgemäße Futtersuche deckt?

› Für Einsteiger empfehle ich grundsätzlich die Haltung eines einzelnen Tieres. Falls Sie jedoch ein Pärchen pflegen wollen, ist es ganz wichtig zu wissen, dass Pärchen oft die meiste Zeit des Jahres unverträglich sind. Können Sie beurteilen, welche Verhaltensweisen anzeigen, dass sich die Tiere nicht vertragen? Und sind Sie dann bereit, ein zweites Aquarium/Terrarium für den Partner aufzustellen?

› Können Sie die laufenden Kosten für Energie, Futter und medizinische Behandlung aufbringen?

› Sind Sie bereit, für einen guten tierärztlichen Rat zur Not eine halbe Tagesreise zu opfern, wenn in Ihrer Nähe keine angemessene Hilfe zu finden ist?

Nicht alle Arten eignen sich

Für Anfänger passend Ich empfehle Neulingen in der Schildkrötenpflege nur Arten, die im deutschsprachigen Raum vermehrt werden. Am besten beschränken Sie sich auf solche, die sehr gut bis gut nachgezüchtet werden können, denn ihre Lebensansprüche lassen sich leichter befriedigen.

Ansprüche **an den Platz**

VIEL PLATZ Es gibt einige kleinere Arten mit großem Platzbedarf, weil sie besonders lebhaft sind. Bitte informieren Sie sich vorab, wenn Sie eine Art anschaffen, die hier im Ratgeber nicht erwähnt ist.

WENIG PLATZ Manche Wasserschildkröten sind »Lauerer« und brauchen nur wenig Platz, z. B. die Mata-Mata. Sie eignet sich aber nicht für Anfänger.

1 Europäische Land-
schildkröten sind tag-
aktiv. Sie brauchen
wegen ihres Bewe-
gungsdrangs viel Platz
und auf Dauer eine
Freianlage mit Glas-
haus.

2 Die Tropfenschild-
kröte ist wie die Drei-
streifen-Klappschild-
kröte eine ca. 10 cm
kleine Art. Beide sind
tagaktiv und kommen
auch mit reiner Aqua-
rienpflege aus.

3 Halswender wie
die Rotbauch-Spitz-
kopfschildkröte werden
20–30 cm groß. Sie
sind tagaktiv, brauchen
viel Schwimmraum und
können im Sommer im
Gartenteich leben.

4 Die Moschus-
schildkröte bleibt
klein (etwa 10 cm),
kann ausschließlich
im Aquarium gehal-
ten werden und ist
nur morgens und
abends aktiv.

Für Anfänger unpassend Große und als »heikel
zu pflegen« bekannte Arten werden zwar von vielen
Schildkrötenliebhabern gehalten, benötigen aber
oft viel Platz in der Freianlage, ein eigenes Zimmer
im Haus und einen großen Erfahrungsschatz des
Pflegers. Anfänger sollten daher Abstand von folgenden Arten nehmen, selbst wenn diese als Nachzuchten auf dem Markt erhältlich sind:
Geierschildkröte (*Chelydra serpentina*), 47 cm, bis
22 kg; Waldschildkröte (*Geochelone denticulata*),
bis 60 cm, Höchstgewicht nicht bekannt; Panther-
schildkröte (*Geochelone pardalis*), 60 cm, bis 30 kg;
Spornschildkröte (*Geochelone sulcata*), 80 cm, bis
60 kg; Alligator-Schnappschildkröte (*Macroclemys
temmincki*), 70 cm, bis 100 kg; die Weibchen der
drei Schmuckschildkröten (*Pseudemys*-Arten) Flori-
da-Schmuckschildkröte (*P. floridana*), Hieroglyphen-
Schmuckschildkröte (*P. concinna*) und Florida-
Rotbauchschildkröte (*P. nelsoni*): Sie können eine
Panzerlänge von bis zu 40 cm erreichen.

Kleinbleibende Arten

Eine wesentliche Einschränkung bei Ihren Über-
legungen könnte der Platz sein, den Sie Ihrem Tier
zur Verfügung stellen können. Wenn Sie keinen
Garten haben, empfehle ich Ihnen eine Art, die
klein bleibt und zur Not ganzjährig in einem Aquarium untergebracht werden kann. Dazu zählen etwa
die Dreistreifen-Klappschildkröte oder die Gewöhnliche Moschusschildkröte (→ Seite 22 f.).

Dämmerungs- und nachtaktive Arten

Überlegen Sie bitte auch, ob Sie hauptsächlich
morgens und abends Zeit haben, sich um Ihre
Schildkröte zu kümmern, weil Sie sich tagsüber
außer Haus aufhalten. Dann wäre es vorteilhaft,
eine Art zu pflegen, die den Tag verschläft und nur
in den Morgen- und Abendstunden aktiv wird,
wenn Sie zu Hause sind. Kandidaten dafür sind die
Carolina-Dosenschildkröte sowie die Gewöhnliche
Moschusschildkröte (→ Seite 21 bzw. 23).

Grundsätzliches zur Winterruhe

Im Porträtteil (→ Seite 20 ff.) finden Sie Angaben darüber, ob die genannten Arten Kandidaten für die Winterruhe sind. Manche bleiben ganzjährig aktiv, wie etwa die Rotbauch-Spitzkopfschildkröte. Ebenso gibt es einige Tiere, die aufgrund ihrer großen Nord-Süd-Verbreitung in ihrer Heimat entweder eine Winterruhe eingehen oder nicht. Zu diesen zählen die Gewöhnliche Moschusschildkröte und die Dreistreifen-Klappschildkröte. Ob eine Schildkröte im Herbst in die Winterruhe möchte, erkennen Sie an ihrem Verhalten (→ Seite 56).

1 Wenn im Herbst die Blätter fallen, beendet eine europäische Landschildkröte die Nahrungsaufnahme und gräbt sich ein. So beginnt sie ihre Winterruhe.

2 Im Frühjahr kommt sie von selbst hervor, sobald es dauerhaft über 14–16 °C warm wird. Den erlittenen Wasserverlust gleicht sie durch ausgiebiges Trinken aus.

Sommerruhe Manche Schildkröten verschlafen häufig wochenlang und ohne Nahrungsaufnahme die heißen, trockenen Sommermonate – sie legen eine Sommerruhe ein. So vergräbt sich etwa die Carolina-Dosenschildkröte in der Erde, während die Dreistreifen-Klappschildkröte im Mulm ihres Gewässers verschwindet. Bitte lassen Sie Ihre Schildkröte in dieser Zeit so lange ungestört, bis sie von selbst wieder aktiv wird.

Die häufigsten Fragen

Welche Arten halten Winterruhe? Die Griechische, die Breitrand- und die Maurische Landschildkröte sowie die Europäische Sumpfschildkröte kommen nicht ohne Winterruhe aus. Die Carolina-Dosenschildkröte geht nicht immer eine Winterruhe ein, und bei einigen Arten – wie etwa der Dreistreifen-Klappschildkröte und der Gewöhnlichen Moschusschildkröte – hängt das Bedürfnis zur Winterruhe vom ursprünglichen Herkunftsgebiet des Tieres ab. Je weiter nördlich dieses liegt, umso wahrscheinlicher ist die Tendenz der Schildkröte, den Winter zu verschlafen.

Wie lange dauert die Winterruhe in der Natur? Das hängt gänzlich von Art und Herkunft der Schildkröte ab. Je weiter im Norden ihr Herkunftsgebiet liegt, desto länger hält die Winterruhe an. Umgekehrt werden Tiere aus südlicheren Verbreitungsgebieten zeitiger wieder munter.

Wo steht das Winterquartier? Die Schildkröte überwintert in einem Raum, der 4–6 °C kalt ist. Allerdings darf dieser sich vorübergehend bis auf 9 °C erwärmen, was auch unter natürlichen Bedingungen im Winter mitunter vorkommt (→ Seite 56).

Überwintern im Keller

Landschildkröten beziehen eine spezielle Überwinterungskiste, die die natürlichen Bedingungen in einem Erdversteck nachstellt. Die Kiste wird zu einem Viertel mit Blähton als Feuchtigkeitsspeicher und zu einem weiteren Viertel mit Walderde aufgefüllt, während die obere Hälfte trockenes Buchenlaub enthält. Ein Vlies zwischen Erde und Blähton verhindert, dass sich die Schildkröte bis dorthin durchgraben kann. Aufsteigendes kapillares Wasser aus der feuchten Blähtonschicht hält das Überwinterungsmilieu bei 80 bis 90 % relativer Luftfeuchte, ohne dass es für die Schildkröte »nass« wird.

Wasserschildkröten setzt man in eine Zementwanne, die so weit mit Wasser gefüllt ist, dass das Tier am Boden ruhend bequem Luft holen kann (→ Abb. rechts unten). Eichenlaub ersetzt den Mulm des natürlichen Gewässers und wirkt durch seine Gerbstoffe keimhemmend. Die Wanne wird mit einem Brett gegen Lichteinfall abgedeckt.

Überwintern im Kühlschrank

Statt in einer Kiste im Keller können Schildkröten auch im Gemüsefach des Kühlschranks überwintern. **Ihre Landschildkröte** vergraben Sie – mit der Bauchseite nach unten – in einer mit Rindenmulch oder Buchenlaub gefüllten Klarsichtdose. Ihre Größe sollte mindestens einem Schuhkarton entsprechen. Geeignet ist eine handelsübliche 28-l-Eurobox mit passendem Deckel. Durchlöchern Sie die Box mit einem 8-mm-Bohrer an den Seitenwänden – alle 6–7 cm ein Loch – und heften Sie einen feuchten Schwamm von Streichholzschachtelgröße unter den Deckel (er darf die Schildkröte niemals berühren!). So halten Sie die Luftfeuchtigkeit zwischen 80 und 90 %. Kontrollieren Sie mit einem Hygrometer und achten Sie darauf, dass nichts schimmelt.

Ihre Wasserschildkröte kommt ebenfalls in eine Kunststoffdose, deren Wasserstand zur Hälfte mit Eichenlaub gefüllt wird (Wasserstand wie für die Zementwanne beschrieben). Die Dose sollte mindestens um die Hälfte breiter und länger sein als der Schildkrötenpanzer lang ist. Das Tier muss sich ohne Weiteres in der Dose herumdrehen können. Voll aufgerichtet darf es mit gerecktem Hals den Deckel nicht erreichen. Dieser Luftraum dient als Vorrat an Atemluft, auch wenn der Bedarf daran während der Winterruhe sehr gering ist. In luftdicht schließende Dosen bohren Sie oberhalb der Wasserlinie – wie für die Landschildkröte beschrieben – ein paar Luftlöcher in die Seitenwände.

3 Tropische Arten halten keine Winterruhe. Die Rotbauch-Spitzkopfschildkröte schätzt aber eine Temperaturabsenkung um 2 °C von November bis Februar.

4 Sumpfschildkröten überwintern in flachem Wasser mit Eichenlaub bei völliger Dunkelheit. Sie müssen jederzeit an der Wasseroberfläche Luft holen können.

Testudo hermanni boettgeri

Griechische Landschildkröte

   25 cm

Verbreitung Griechenland, Türkei, Rumänien, Bulgarien, Albanien, Serbien und Kroatien. Auwälder, schattige Buschlandschaften mit Wasserstellen.
Haltung Jungtiere im Terrarium ab 1,2 m². Im Sommer Freilandhaltung. Ab 8–10 cm Panzerlänge ganzjährige Freilandhaltung mit Glashaus. Bodentemperatur 20–23 °C, Lufttemperatur 18–26 °C, dazu Strahler 45 °C; auch im Glashaus, Deckung für Jungtiere.
Verhalten Aktiv am frühen Vormittag und späten Nachmittag. Klettert und gräbt gerne, ist bei guter Haltung lebhaft und bewegungsfreudig.
Besonderes Ausgeprägter Hornnagel am Schwanzende und (meist) ein geteiltes Schwanzschild. Vermeiden Sie, Bastarde zwischen Griechischer und Maurischer Landschildkröte zu erwerben.
Fortpflanzung Sehr gute Nachzuchtergebnisse. Weibchen werden mit etwa 10–14 Jahren, Männchen mit 5–7 Jahren geschlechtsreif. Gelege mit 3–8 Eiern ab Frühjahr, bis zu 3 Gelege pro Saison. Zeitigungsdauer 2–3 Monate.

Testudo marginata

Breitrandschildkröte

   30–35 cm

2 Unterarten: *T. m. marginata, T. m. weissingeri*.
Verbreitung Griechenland, südliche Halbinsel. Die Tiere sind bevorzugt an karstigen Hängen in trockenen Revieren (Macchie) zu finden.
Haltung Jungtiere im Terrarium ab 1,2 m². Im Sommer Freilandhaltung. Ab 8–10 cm Panzerlänge ganzjährige Freilandhaltung mit Glashaus. Bodentemperatur um 20–23 °C, Lufttemperatur 18 °C (nachts) bis 27 °C (tagsüber), dazu Strahler 45 °C; auch im Glashaus. Deckung für Jungtiere bereitstellen.
Verhalten Aktiv am frühen Vormittag und späten Nachmittag. Klettert und gräbt gerne, ist bei ausreichendem Platzangebot bewegungsfreudig.
Besonderes Größte europäische Landschildkröte. Rückenpanzer mit geschweiftem Hinterrand.
Fortpflanzung Sehr gute Nachzuchtergebnisse; 2 Gelege pro Saison möglich mit je 3–8 Eiern. Zeitigungsdauer 2–3 Monate. Vermeiden Sie für Zuchtzwecke den Erwerb von Bastarden zwischen Breitrandschildkröte und Maurischer Landschildkröte.

  Winterruhe tagaktiv  dämmerungsaktiv  Im freien Wasser Landlebend in Wassernähe

Testudo graeca

Maurische Landschildkröte

  25–30 cm

Ca. 6 Unterarten.
Verbreitung Nordafrika, Südspanien, Balearen, Sardinien, Südosteuropa, Armenien, Türkei, Ostkaukasus und Iran. Steppe, Buschland, Trockenwälder, Halbwüste und Kulturland.
Haltung Jungtiere im Terrarium ab 1,2 m². Im Sommer Freilandhaltung. Ab 8–10 cm Panzerlänge ganzjährige Freilandhaltung mit Glashaus. Bodentemperatur 22–25 °C, Lufttemperatur 20 °C (nachts) bis 28 °C (tagsüber), dazu Strahler 45 °C, auch im Glashaus. Wärmeliebend. Deckung für Jungtiere.
Verhalten Lebhaft, gräbt gut.
Besonderes Hornkegel neben Oberschenkel. Eiweißreiche Pflanzenkost im Frühjahr, ab Sommer zusätzlich 5 % tierisches Eiweiß. Winterruhe in der Natur 6–7 Monate; Sommerruhe möglich. Tiere mit außereuropäischer Herkunft für Anfänger ungeeignet.
Fortpflanzung Gute Nachzuchten. 1–3 Gelege pro Saison mit je 4–8 Eiern, meist vormittags. Schlupf nach 2 bis über 3 Monaten.

Terrapene carolina

Carolina-Dosenschildkröte

   10–18 cm

6 Unterarten; *T. c. carolina, T. c. major, T. c. triunguis* sind in Mitteleuropa im Handel...
Verbreitung USA, außer im Westen. Eher feuchte Waldgebiete und Wiesen.
Haltung Terrarium ab 1,2 m² Grundfläche und Freianlage mit beheiztem Glashaus. Bodentemperatur 20–26 °C, Lufttemperatur bodennah 20 °C (nachts) bis 28 °C (tagsüber); dazu Spot mit 40–45 °C. Bis auf *T. c. triunguis* empfindlich gegen trockene Luft unter 70 % Luftfeuchtigkeit. Tiefgründiges Badebecken (6–8 cm). UV- und Tageslichtzugang.
Verhalten Liebt Morgen- und Abendsonne, liegt gerne für Stunden oder Tage im Wasser. In Trockenperioden wochenlang eingegraben.
Besonderes »Landlebende Sumpfschildkröte«; Nahrung für Jungtiere bis 2 Jahre mit 80 % Fleischanteil. *T. c. carolina* wird nur 16 cm groß; *T. c. major* schwimmt gerne und lebt gewässernah; *T. c. triunguis* bevorzugt eher trockene Umgebung.
Fortpflanzung Wenig Nachzucht; Bastarde meiden.

Emydura subglobosa

Rotbauch-Spitzkopfschildkröte

   18 cm

2 Unterarten: *E. s. subglobosa*, *E. s. worrellii*.

Verbreitung Süd-Neuguinea und Nordspitze Australiens (Cape York; Jardine River und Zuflüsse).

Haltung Nur im heißen Hochsommer in geschützter Freilandhaltung, sonst ganzjährig im Aquarium mit viel Schwimmraum; mindestens 150 cm × 50 cm Grundfläche und 40 cm Wasserstand (= 300 l). Wassertemperatur von November bis Februar 25 °C, sonst 27 °C. Lufttemperatur tagsüber 2 °C höher als Wassertemperatur. Bei reiner Aquarienhaltung UV- und Tageslicht-Versorgung.

Verhalten Schwimmt sehr gut, ist selten an Land; manchmal scheu.

Besonderes »Halswender«, schützt Kopf und Hals durch seitliches Anlegen. Tiere australischer Herkunft werden bis zu 25 cm lang.

Fortpflanzung Sehr gute Nachzuchtergebnisse. Interessantes Balzverhalten. April bis Juni etwa 7–10 Eier pro Gelege; mehrfache Eiablagen pro Jahr möglich. Zeitigungsdauer 6–7 Wochen bei 28 °C.

Kinosternon baurii

Dreistreifen-Klappschildkröte

    12 cm

2 Unterarten: *K. b. palmarum*, *K. b. bauri*.

Verbreitung Florida, südliches Georgia.

Haltung Aquarium, 1 m lang, 40 cm breit, 50 cm hoch (= 200 l), Wasserstand 5 cm für Jungtiere, maximal 30 cm für Erwachsene. Feinsandiger, weicher Boden 20–25 mm; Wassertemperatur je nach genetischer Herkunft 18–28 °C, Züchter fragen und/oder Temperaturorgel-Test machen (→ Bücher »Meine Schildkröte«, Seite 62). Wasserpest und Hornkraut als Deckung anbieten; Landteil 40 × 40 cm. Tageslichtzugang nötig. Kletterhilfen und Sonnenplatz im Wasser mit Wurzeln und Sisaltauen (4 cm dick).

Verhalten Etwas scheu, ruhig. Klettert viel unter Wasser, schwimmt zur Not auch.

Besonderes 2 Scharniere am Bauchpanzer. Männchen am Schwanzende mit Hornnagel. Je nach Herkunft auch ohne Winterruhe; Sommerruhe möglich.

Fortpflanzung Nachzucht nicht häufig. Mit 5–7 Jahren geschlechtsreif. Gelege 1–8 Eier, auch Nachgelege möglich. Schlupf nach 3–5 Monaten.

  Winterruhe tagaktiv  dämmerungsaktiv 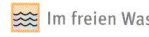 Im freien Wasser Landlebend in Wassernähe

Sternotherus odoratus

Gewöhnliche Moschusschildkröte

    10 cm

Verbreitung Vom Südosten Kanadas über die östlichen USA bis nach Florida.

Haltung Einzeln im Aquaterrarium, 100 cm lang, 40 cm breit und 50 cm hoch. Wassertiefe 10–15 cm für Jungtiere, 25–30 cm für Erwachsene. Wassertemperatur 25 °C, Lufttemperatur 26–27 °C. Sonnt sich selten und dann meist direkt unter der Wasseroberfläche. Tageslicht reicht aus, UV-Strahler meist entbehrlich (Verhalten beobachten). 2 cm Sandboden. Kletterhilfen notwendig; unter Wasser Höhlen als Versteck mit leichtem Zugang zur Oberfläche.

Verhalten Dämmerungsaktiv; tagsüber im Versteck. Läuft am Bodengrund und klettert zur Wasseroberfläche, schwimmt ungern; selten an Land.

Besonderes Bei Pärchen ist oft Getrennthaltung außer zur Paarung erforderlich. Immerwährender Appetit; nicht überfüttern.

Fortpflanzung Befriedigende Nachzuchtergebnisse. Gelege mit 2–4 Eiern; Jungtiere schlüpfen nach 11–12 Wochen und sind nicht größer als Maikäfer.

Emys orbicularis

Europäische Sumpfschildkröte

    25 cm

13 Unterarten, darunter *E. o. orbicularis* (Mitteleuropa), *E. o. hellenica* (Po-Ebene, Balkan), *E. o. fritzjuergenobsti* (Spanien).

Verbreitung Mittel-, Südeuropa, Balkan, NW-Afrika.

Haltung Ganzjährige Haltung im Aquaterrarium vermeiden. Wasserteil mit mindestens 120 cm × 50 cm Grundfläche, 40 cm hoch. Wassertemperatur 22–24 °C, Lufttemperatur 26–28 °C. UV- und Tageslichtversorgung nötig. Ab 8 cm Panzerlänge Gartenteichhaltung. Zwei Teiche bei Pärchenhaltung.

Verhalten Schwimmt gut, kommt gern zum Sonnenbaden an Land; bleibt manchmal scheu.

Besonderes Weibchen außerhalb der Paarungszeit in der Regel vom Männchen getrennt pflegen.

Fortpflanzung Sehr gute Nachzuchtergebnisse. Ab einem Alter von 10 Jahren Eiablage ab Juni möglich, meist abends. Gelege mit 12 Eiern oder mehr in ca. 10 cm Tiefe. Zeitigungsdauer knapp 3 Monate. Es gibt einen Arbeitskreis *Emys/Mauremys* (in der DGHT), der an einer unterartreinen Zucht arbeitet.

Woher bekomme ich eine Schildkröte?

Bevor Sie sich für eine Art entscheiden, wählen Sie anhand dieses Ratgebers eine aus, die zu Ihnen passt. Danach prüfen Sie, ob und wo es gegebenenfalls Arbeitsgruppen (zum Beispiel AG Schildkröten) oder andere Organisationen im deutschsprachigen Raum gibt, die sich mit der von Ihnen gewählten Art beschäftigen (ÖGH, SIGS oder ESF; → Seite 62). Erkundigen Sie sich dort auch nach Adressen von Haltern in Ihrer Nähe.

Wo und wann kaufen?

Wo kaufen? Sie bekommen Schildkröten beim Händler, der in der Regel Nachzuchten aus privater Hand verkauft, oder direkt vom Züchter. Ein guter Händler kann Fragen nach Fütterung, Art und Alter des Tieres sowie grundlegende Haltungsansprüche beantworten und hat selbstverständlich kein Problem, Dokumente nach der Bundesartenschutzverordnung (→ Seite 10) vorzulegen. Der Kauf beim Züchter bietet ein Extra: Sie haben direkten Einblick in eine bereits funktionierende Schildkrötenhaltung sowie in Technik und Platzbedarf des Tieres. Bitte kaufen Sie niemals eine Schildkröte auf Urlaubsbazaren, Flohmärkten oder per Mausklick im Internet!

Wann kaufen? Am besten zwischen Mai und August, denn dann ist eine eventuelle Winterruhe überstanden, und Sie haben Zeit, die Schildkröte bei sich einzugewöhnen sowie ihren Gesundheitszustand zu überprüfen. Das wird bei einem Kauf im Herbst sehr kritisch. Erkennen Sie eine Krankheit nicht und wintern die Schildkröte damit ein, wird sie voraussichtlich in der Winterruhe sterben. Bei einem zu frühen Kauf, also im März oder April, können Sie nicht sicher sein, ob das Tier nicht in der Winterruhe erkrankt ist und seine Erkrankung erst bei Ihnen entfaltet. Schauen Sie sich das Tier, das Sie kaufen wollen, unbedingt genau an (→ Seite 54).

Sorgfältig abwägen Nehmen Sie sich an dieser Stelle bitte meinen dringenden Rat zu Herzen, den Kauf einer Schildkröte gründlich abzuwägen!

Jungtiere sammeln sich gern in einem sicheren Versteck (hier entfernt). Im Alter werden sie Einzelgänger.

Arten, deren Weibchen 20–30 cm groß werden – darunter viele Zier- und Schmuckschildkröten –, bekommen Sie als ausgewachsene Exemplare gelegentlich von Tierheimen, Zoologischen Gärten oder Tierauffangstationen geschenkt. Dort pflegt man die Tiere, die von ihren ehemaligen Besitzern artenschutzwidrig »laufen gelassen« wurden. Schildkröten wieder abzugeben, funktioniert in der Regel nie spontan, sondern bedarf einer oft sorgfältigen Suche nach einem neuen Betreuungsplatz. Sie einfach in der Natur auszusetzen, verstößt gegen geltende Gesetze und ist Tierquälerei!

Erwerb aus Nachzuchten

Kaufen Sie ein Tier aus einer Nachzucht, hat dies neben dem Artenschutz den Vorteil, dass Sie die genauen Haltungsbedingungen abfragen können. Das ist vor allem hilfreich bei Arten, deren Verbreitungsgebiet eine große Nord-Süd-Ausdehnung hat, wie bei der Gewöhnlichen Moschusschildkröte oder der Europäischen Sumpfschildkröte. So bekommen Sie verhältnismäßig sichere Hinweise über den bevorzugten Temperaturbereich und das Winterruhebedürfnis Ihres Tieres.

Alte oder junge Schildkröte?

Jungtiere aus heimischen Nachzuchten erfordern eine besonders sorgfältige, fachgerechte Fütterung und Pflege. Nur so wächst eine junge Schildkröte gesund und ohne Panzerverformungen heran. Leichter ist dagegen die Eingewöhnung eines halbwüchsigen Tieres ab drei Jahren oder einer erwachsenen Schildkröte mit schon gefestigtem Knochenbau. Auch spricht nichts dagegen, ein gesundes, erwachsenes Tier aus einer langjährigen Haltung zu übernehmen. Da gibt es dann auch kaum noch Zweifel über die tatsächliche Endgröße.

Männchen oder Weibchen?

Manche Männchen der genannten Wasserschildkröten-Arten bleiben in der Regel kleiner als die Weibchen (→ Seite 22 f.). Wenn Sie also nicht so viel Platz für ein Aquarium oder Terrarium zur Verfügung haben, wählen Sie lieber ein Männchen aus. Andererseits sollten Sie im Vorfeld bedenken, dass Sie später, wenn Sie einmal mehrere Tiere pflegen wollen, bei keiner Art zwei Männchen – in der Regel auch kein Pärchen – auf Dauer vergesellschaften können. Die Haltung von zwei Weibchen derselben Art kann dagegen gut gehen. Nach zwei bis drei Jahren eigener Erfahrung mit Ihrer Schildkröte können Sie das Risiko dann selbst beurteilen.

1 Eine größere Schildkröte steckt man zum Transport in einen luftdurchlässigen Stoffbeutel aus Nesseltuch, die Nähte stets außen. Erst dann kommt sie in einen Karton.

2 Transportgefäße aus Kunststoff eignen sich für Jungtiere, besonders Wasserschildkröten, die stets feucht, aber nie in Wasser schwimmend transportiert werden.

So leben Schildkröten

Schildkröten regeln ihre Körpertemperatur aktiv, indem sie die passende Temperatur in ihrer Umgebung suchen und annehmen. Das Terrarium muss also das grundlegende Bedürfnis nach der gerade gewünschten Vorzugstemperatur erfüllen. Was es sonst noch leisten muss, erfahren Sie in diesem Kapitel.

Die Bedürfnisse der Schildkröten

Die Größe allein macht nur einen Teil der Qualität einer Schildkrötenanlage aus. Ebenso wichtig ist ihre Gestaltung. Folgende Grundregeln gelten für alle in diesem Ratgeber beschriebenen Anlagen.

Erwärmung und Abkühlung ermöglichen

Die Schildkröte sucht dank ihres Wärmesinnes Orte auf, die Wärmezufuhr von außen versprechen. In den Morgenstunden ist dies besonders wichtig, um den Organismus auf Touren zu bringen, und am Nachmittag, um das aufgenommene Futter zu verdauen. Auch dämmerungsaktive Schildkröten sonnen sich oft am frühen Morgen. Wird es den Tieren zu heiß, so suchen Landschildkröten Abkühlung im Schatten, während Wasserschildkröten kurzfristig in kühlere Wasserzonen abtauchen. Beachten Sie dies bitte bei der Bemessung und Einrichtung Ihrer Anlage. Sollten Sie Ihrem Schützling ein Glashaus bieten, so bedenken Sie, dass die Nachttemperaturen im Februar und März unter 12 °C fallen können. Das müssen Sie durch Regelung der Heizung vermeiden. Am besten orientieren Sie sich an den Temperaturangaben im Porträtteil (→ Seite 20 ff.).

Guter Bodengrund ist wichtig

Der Bodengrund sollte sowohl Wärme und Feuchtigkeit speichern als auch mittels Steinplatten stellenweise so rau sein, dass Landschildkröten ihre Krallen daran abwetzen können. Laubwalderde, eventuell gemischt mit Rindenmulch, ist ein guter, Feuchtigkeit speichernder Boden, der sich zum Eingraben eignet. Zur stilgerechten Gestaltung trockener Bodenabschnitte unter dem Spotstrahler eignet sich Löss- oder Lehmboden (Baustoffhandel). Ausgehärtet und glatt, ist er leicht sauber zu halten. Außerdem speichert er gut die Wärme.

Anforderungen an die Schildkrötenanlage

Für die artgerechte Haltung von Tieren gibt es Mindestanforderungen, die das Bundesartenschutzgesetz vorschreibt. So auch für die Terrariengröße. Die Empfehlungen dieses Ratgebers liegen jedoch über diesen Mindestanforderungen, damit Ihr Tier in seiner Anlage genug Auslauf findet und Sie viele Möglichkeiten haben, interessante, gestalterische Elemente unterzubringen. Diese kosten mehr Platz, als Sie denken, schränken zugleich aber den freien Raum für die Schildkröte ein. Andererseits sorgt die Dekoration für ein abwechslungsreiches Umfeld, das die Schildkröte zum Umherstreifen anregt.

Rund um die **Schildkrötenanlage**

GLASBRUCH VERMEIDEN Sichern Sie Ihr Vollglasaquarium oder -terrarium gegen spontanen Bruch. Stellen Sie es auf eine brettebene, nicht nachgebende Unterlage und legen Sie eine dünne, handelsübliche Schaumstoff-Schutzmatte unter den Glasboden. Das verhindert, dass Unebenheiten und Sandkörner den Boden reißen lassen.

ALTE AQUARIEN WIEDERVERWERTEN Selbst wenn sie gerissen oder undicht sind, können alte Aquarien noch brauchbare Terrarien abgeben, da diese kein Wasser halten müssen.

ZEMENTWANNEN AUS DEM BAUMARKT Diese einfachen und preisgünstigen Behälter können als Quarantänebehältnis, zur Eiablage oder zur ersten Versorgung von Jungtieren eingerichtet werden. Wannen mit 100–120 l sind sehr gut geeignet.

Verschiedene Anlagen je nach Art

Das Terrarium für Landschildkröten muss nicht wasserdicht, dafür aber stets gut belüftet sein. Seine Größe bezieht sich auf die zu erwartende mittlere Endgröße Ihrer Schildkröte, die im Porträtteil (→ Seite 20 f.) angegeben ist. Ein Terrarium nimmt viel Platz ein, weil eine gesunde Schildkröte genügend Auslauf auf der Grundfläche braucht.

Ein Aquaterrarium für Sumpfschildkröten wie die Carolina-Dosenschildkröte besteht aus einem wasserdichten Aquarium mit großem Landteil. Dieser muss dem Bewegungsdrang der Schildkröte und ihrer zu erwartenden Endgröße entsprechen. Der Wasserteil soll zwar so groß sein, dass das Tier untertauchen und sich im Uferbereich ablegen kann, doch bleibt er im Vergleich zum Landteil erheblich kleiner.

Das Aquarium für Wasserschildkröten braucht eine geringere Grundfläche als ein Terrarium, weil die Schildkröte die »dritte Dimension«, also die Höhe des Wasserkörpers, nutzen kann. Hinzu kommt, dass der Landteil für die Eiablage oder zum Sonnen über dem Wasser angebracht wird und daher keinen Schwimmraum beansprucht.

Die Quarantänestation

Ein spezielles Quarantänebehältnis ist immer erforderlich, selbst wenn Sie nur eine einzelne Schildkröte pflegen. Im Krankheitsfall können Sie Ihr Tier darin besser versorgen, weil das Becken kleiner und leichter sauber zu halten ist. Jungtiere können darin auch gut in den Garten gestellt werden (Teilschattierung und Gitter nicht vergessen; → Seite 40 f.), ohne dass sie ihr Heim verlassen müssen.

Ein Wintergarten bietet ideale Standortbedingungen mit Tageslicht, dessen wechselnde Länge über das Jahr die Biologie der Schildkröte steuert. Stets muss das Terrarium so aufgestellt sein, dass es hell, aber ohne direkte Sonneneinstrahlung und frei von Zugluft, Tabakrauch und Bodenvibrationen ist.

Jungtiere kommen in einen Behälter, der aus einer rechteckigen, 120 l fassenden Kunststoff-Zementwanne (Baumarkt) bestehen kann. Dieser wird – den Anforderungen für ein Terrarium entsprechend – eingerichtet und temperiert. Als Unterschlupf für alle genannten Arten dient ein Firstziegel. Wasserschildkröten können ihn besteigen, wenn sie das Wasser verlassen wollen.

Erwachsene Tiere benötigen Behältnisse, die für einen vorübergehenden Aufenthalt etwa halb so groß wie die im Porträtteil empfohlenen Terrarien sind. Der Wasserstand für unter Wasser laufende Wasserschildkröten wie die Moschus- und die Klappschildkröte wird mit mindestens einer Panzerbreite (Stockmaß, d. h. ohne Berücksichtigung der Panzerwölbung) eingestellt. Für gute Schwimmer wie Rotbauch-Spitzkopfschildkröte und Europäische Sumpfschildkröte sollte der Wasserstand mindestens die doppelte Breite des Panzers ausmachen. Hier gilt: Je höher, desto besser.

Licht

Das Wohlbefinden und die Gesundheit Ihrer Schildkröte hängen stark davon ab, inwieweit Sie möglichst natürliche Lichtverhältnisse durch technische Hilfsmittel schaffen. Dabei wird die Anlage nie vollständig ausgeleuchtet. Eine dunklere Ecke als Rückzugsraum sollte stets erhalten bleiben.

Die Leuchtstoff-Tageslichtröhre sorgt für die Grundbeleuchtung, die bei Mangel an natürlichem Tageslicht – etwa in einer dunklen Zimmerecke – immer erforderlich ist. Sie fördert auch das Gedeihen der Pflanzen und wird über eine Zeitschaltuhr

1 Der Spotstrahler ist die Wärmequelle der Schildkröte. Er wird über eine Zeitschaltuhr gesteuert. Im Freiland schützt ihn ein Metallreflektor vor Niederschlag.

2 Eine HQI-TS-Leuchte ist so hell wie der Tag und wirkt positiv auf die Vitalität der Schildkröte. Sie kann auch oberhalb der Anlage angebracht werden.

gesteuert. Die tägliche Beleuchtungsdauer orientiert sich an der aktuell herrschenden Tageslänge.

Der Spotstrahler liefert die »Sonnenwärme« und ist immer notwendig. Er wird während der Aktivitätszeit der Schildkröte über eine Zeitschaltuhr betrieben. Ein 100 Watt starker Strahler mit zehn Grad Streuwinkel erzeugt in 1 m Abstand einen Lichtfleck von 17 cm Durchmesser und 10 000 Lux Leuchtstärke. Sparen Sie Energie und probieren Sie einen 60 Watt Strahler aus, der etwa 20 cm hoch hängt. Er muss am Boden 40–45 °C erzeugen. Für Schlammschildkröten *(Sternotherus, Kinosternon)* reicht der Spotstrahler auch als Lichtquelle.

Der UV-Strahler ist bei Zimmerhaltung unverzichtbar und wird ebenfalls von einer Zeitschaltuhr gesteuert. Er hängt etwa 60 cm hoch über der Anlage und strahlt während der ersten Aktivitätszeit der Schildkröte ca. 20 Minuten und während der zweiten Aktivitätszeit knapp 10 Minuten. UV-Licht (= Sonnenlicht) ist für das Knochenwachstum, also für Panzer und Gelenke, von größter Bedeutung. Empfehlen kann ich aufgrund wissenschaftlicher Untersuchungen den Lampentyp Ultra-Vitalux, 300 Watt, von Osram (»Gesichtsbräuner«) oder identische Strahler anderer Hersteller (Philipps, Sylvania). Dagegen lassen sich die UV-Ausbeute und -Verteilung anderer Lampentypen wie HQL oder Mischlichtlampen kaum zuverlässig berechnen (→ Bücher, Seite 62).

Halogen-Metalldampflampen (HQI-, HCI- oder HQI-TS-Lampen) erfüllen vor allem die Lichtansprüche von *Emydura*- und *Emys*-Arten. Aber auch Landschildkröten, die ganzjährig im Zimmer gepflegt werden, benötigen das helle Licht zur

Vitalisierung. Es gibt Quarz- (HQI)- und Keramik-brenner (HCI). Sie erzeugen bei 150 Watt 13 000 Lu-men, kommen also in etwa dem Tageslicht nahe. Dabei sind Keramikbrenner langlebiger als Quarz-brenner. Auch verändern sie bei längerer Brenn-dauer ihr Spektrum nicht – ganz im Gegensatz zu HQI-Brennern.

Aktuelle Tageslängen beachten

Ich empfehle Ihnen, die Beleuchtungsstärke der Jahreszeit anzupassen, indem Sie den HQI-Strahler im Sommer etwa 80 cm über der Anlage, im Früh-jahr und Herbst aber in 1,50 m Höhe anbringen. Das entspricht der unterschiedlichen Intensität der Sonne, die in unseren Breiten während des Hoch-sommers viel höher ist als im Frühjahr und Herbst.

Vorteile für die Gesundheit Die sich ändernden Tageslängen sind enorm wichtig für die Gesundheit der Schildkröte. So steuern die kürzer werdenden Tage im Herbst die innere Uhr des Tieres und be-wirken über eine hormonelle Umstellung die Her-absetzung des Stoffwechsels, die Einstellung der Futteraufnahme und die Entleerung des Darms. Es wäre schädlich für das Tier, wenn Sie die aktuellen Tageslängen nicht beachten und stattdessen eine lange Beleuchtungsdauer bis in den Winter unge-mindert beibehalten würden, etwa um so Ihre Schildkröte an der Winterruhe zu hindern.

Individuelle Lichtbedürfnisse Dämmerungsakti-ve Schlammschildkröten haben andere Lichtbedürf-nisse als sonnenhungrige, tagaktive Arten. Ihnen genügt es, wenn sie unter Wasser wahrnehmen, wie sich die Tageslänge verändert. Die Lichtstärke ist dabei zweitrangig. Versuchen Sie trotzdem durch Beobachtung – vor allem am Morgen – herauszufin-den, ob Ihre Schildkröte zu dieser Zeit nicht doch den UV-Strahler und den Wärmestrahler aufsucht.

UV-Bestrahlung richtig steuern

TIPPS VOM SCHILD-KRÖTEN-EXPERTEN
Dr. Hartmut Wilke

UV-STRAHLEN DURCHDRINGEN WASSER

Im sauberen Aquarienwasser kommen in 20 cm Tiefe noch 50 % der UV-Strahlung an, die an der Oberfläche auftrifft. Wenn Sie Ihre Wasserschild-kröte dort beobachten, sonnt sie sich und signa-lisiert Ihnen einen entsprechenden Bedarf.

UV-STRAHLEN WIRKEN NICHT HINTER GLAS

Der für das Knochenwachstum wichtige Anteil des UV-Spektrums (UV-B-Strahlen) kann Glas, älteres Plexiglas und Polycarbonatplatten – aus denen Frühbeete und Gewächshäuser bestehen – nicht durchdringen. Ausgleich schaffen die Freilandhal-tung oder der Einsatz eines UV-Strahlers.

VITAMIN D3-TROPFEN SIND KEIN ERSATZ

Im Gegenteil: Eine Überdosierung könnte sogar zu einer Vergiftung Ihres Tieres führen.

ZU VIEL UV IST ZWECKLOS

Dauert die tägliche Bestrahlung einer Schildkröte mit dem UV-Strahler aus 60–80 cm Abstand länger als 10 bis 20 Mi-nuten, bringt das kein Plus für die Gesundheit. Die sich bildende Vorstufe des Vitamins D3 wird durch weitere Strahlung gleich wieder abgebaut.

Temperaturen

Schildkröten brauchen wärmere und kühlere Bereiche, zwischen denen sie bei Bedarf pendeln können. Dank des Angebots an Sonnen- und Schattenplätzen ist dies für Landschildkröten in der Natur oder in einer geräumigen Freianlage kein Problem. Gleiches gilt für Wasserschildkröten, wenn sie unterschiedlich temperierte Wasserregionen im großen Gartenteich vorfinden. Schwieriger wird es jedoch, der Schildkröte diese unterschiedlichen Temperaturbereiche in der Anlage im Wohnzimmer zu bieten.

Landschildkröten Auch wenn im Porträtteil enge Temperaturbereiche angegeben sind, in denen eine Schildkröte aktiv ist, so heißt das nicht, dass das gesamte Terrarium diese Temperaturen aufweisen sollte. Vielmehr handelt es sich um Erfahrungswerte, die der jeweiligen Vorzugskörpertemperatur nahe kommen. Und die muss eine Landschildkröte erreichen können – durch den Wechsel von warm zu kalt und umgekehrt. Ein Terrarium mit verschiedenen Temperaturzonen ist daher ideal.

> Das Terrarium für Landschildkröten weist ein Temperatur- und Bodenfeuchtigkeitsgefälle auf. Konzentrieren Sie die Strahler auf die wärmere, trockene Seite und achten Sie auf Laufwege und ein Badebecken.

Wasserschildkröten Vor allem dämmerungsaktive Schlammschildkröten wie *Kinosternon* und *Sternotherus* müssen ihre Vorzugstemperatur im Gewässer erreichen, in dem sie leben. Allerdings können sich *Emys* und *Emydura* auch außerhalb des Wassers sonnen, da sie tagaktiv sind. Unterschätzen Sie dennoch nicht die Temperaturvielfalt, die ein natürliches Gewässer bietet. So ist das Wasser im flachen, besonnten Uferbereich und direkt unter der Oberfläche erheblich wärmer als in einer Tiefe von 20 cm oder mehr. Ebenso erwärmt es sich in Stillwasserzonen besser und dauerhafter unter Sonneneinstrahlung als im Strömungsbereich.

Einrichten eines Temperaturgefälles Um die Temperaturansprüche Ihrer Schildkröte möglichst artgerecht zu erfüllen, empfehle ich Ihnen, das Tier in einem geräumigen, lang gestreckten Terrarium zu halten. Dort lässt sich leicht das erforderliche Temperaturgefälle – man spricht auch von einer »Temperaturorgel« – herstellen, und Ihr Schützling kann jederzeit nach Bedarf wärmere oder kühlere Zonen aufsuchen (→ Abb. links).

Anzeige der Winterruhe

Gleichzeitig unterschiedlich warme Bereiche im Terrarium anzubieten, hat einen weiteren Vorteil. Sie finden leichter heraus, wann Ihre Landschildkröte bereit für die Winterruhe ist. Sie wird sich nämlich zur gegebenen Zeit in eine kühlere Ecke zurückziehen und dort eingraben. Nun sollten Sie schleunigst die Vorbereitungen zur Einwinterung treffen (→ Seite 19). Bei Wasserschildkröten lässt sich die Bereitschaft zur Winterruhe nicht so einfach erkennen. Angaben darüber, welche Art Winterruhe hält und welche Wassertemperatur sie dafür benötigt, entnehmen Sie bitte dem Porträtteil (→ Seite 22 f.) und meinen Ausführungen auf Seite 56 f.

Gesundheitsfallen meiden

TIPPS VOM SCHILD-
KRÖTEN-EXPERTEN
Dr. Hartmut Wilke

HITZESTAU Die Anlage sollte nach oben hin so weit offen sein, dass sich unter Einwirkung der Strahler kein Hitzestau entwickelt. Aus offenen Anlagen entweicht die heiße Luft ungehindert, und kühlere Luft strömt nach. Das gilt auch für Sonnenbäder in Zementwannen (→ Seite 29).

FALSCHE WASSERTEMPERATUR Verlässt Ihre Wasserschildkröte das Wasser plötzlich über Stunden oder ganztags, prüfen Sie bitte, ob die Wassertemperatur noch stimmt. Eine ausgefallene Heizung lässt das Wasser rasch abkühlen, sodass die Schildkröte an Land Wärme sucht.

KALTE LUFT Achten Sie darauf, dass die Luft stets etwa 2 °C wärmer ist als das Wasser. Wird sie kälter, könnte Ihre Wasserschildkröte gesundheitliche Schäden davontragen (→ Seite 53).

ZU KALTER BODEN Ist der Terrarienboden deutlich kälter als 18 °C, können Sie eine elektrische Heizmatte nach Herstellervorschrift verlegen. Regeln Sie den Thermostaten auf 18 °C, um Wachstumsschäden wie verformte Panzer zu vermeiden, die oft bei höherer Mattentemperatur entstehen.

Das richtige Klima

Neben Licht und Temperatur spielen noch weitere Faktoren eine Rolle, etwa die Luftfeuchtigkeit. So sind sogar Wasserschildkröten auf sie angewiesen, wenn sie an Land ihre Eier ablegen oder dort ein Winterquartier suchen wie die Moschusschildkröte.

Wohlfühlumgebung im Terrarium

Die richtige Luftfeuchtigkeit ist für Landschildkröten von großer Bedeutung. Die meisten euro-päischen Arten fühlen sich bei 60 bis 70 % wohl, während zwei Unterarten der Carolina-Dosenschildkröte (→ Seite 21) nicht unter 70 % Luftfeuchtigkeit gepflegt werden dürfen, weil ihr Organismus an feuchte Lebensräume angepasst ist. Weder Haut noch Lungen vertragen trockene Luft dauerhaft, sondern nehmen Schaden. Die Russische Landschildkröte *(Testudo horsfieldii)* dagegen kommt im trockenen Wüsten- und Steppenklima vor. Sie stirbt, wenn sie zu feucht gehalten wird. Da sie eine Pflege aus sehr erfahrener Hand benötigt, empfehle ich sie Anfängern in der Schildkrötenhaltung nicht.

Die richtige Bodenfeuchtigkeit lässt sich leicht herstellen, wenn Sie Laubwalderde als Bodengrund verwenden. Sie bindet Feuchtigkeit gut, ist locker und eignet sich auch zum Einbuddeln. Wenn Ihr Tier – oft aus Mineralstoffmangel – davon frisst, kann die Erde den Verdauungstrakt passieren. Sand oder Kies dagegen sammeln sich mitunter im Darm an und können über Verstopfung zum Tod führen. Substrat mit höherer Dichte, wie es Schildkröten zur Eiablage bevorzugen, erhalten Sie, wenn Sie Laubwalderde und Sand im Verhältnis 1:1 mischen.

Umgebungsfeuchtigkeit erhalten Verschiedene Maßnahmen helfen Ihnen dabei, artgerechte Feuchtigkeitsverhältnisse im Terrarium zu gewährleisten:

› Das Badebecken trägt nur dazu bei, den unmittelbaren Feuchtigkeitsbedarf der Schildkröte zu decken. Sie legt sich für 10 bis 20 Minuten hinein und nimmt Feuchtigkeit über die Haut auf oder

Das Haar-Hygrometer zeigt die Luftfeuchtigkeit in Prozent an. Es ist sehr präzise und braucht keine Batterien.

trinkt. Die Verdunstung des Badewassers führt jedoch nicht zu einer Erhöhung der Luftfeuchtigkeit, weil sie zu gering ist. Übrigens kann stundenlanges Baden ein Krankheitsanzeichen sein.

› Den Boden halten Sie mit einer Blumenspritze »nebelfeucht«, doch dürfen Sie ihn nie durchtränken. Arbeiten Sie ihn dabei um, damit auch die tieferen Schichten gleichmäßig feucht bleiben.

› Pflanzen eignen sich gut dazu, die Luftfeuchtigkeit zu erhöhen, denn sie verdunsten Wasser über ihre Oberfläche. Allerdings müssen sie täglich besprüht und regelmäßig gegossen werden.

› Eine Glasscheibe, mit der das Terrarium teilweise abgedeckt wird, trägt dazu bei, die Feuchtigkeit möglichst lange darin zu halten. Achten Sie aber darauf, dass kein Hitzestau (→ Seite 33) entsteht. Legen Sie daher die Scheibe nicht über der bestrahlten Zone auf und natürlich auch niemals in der Zeit, in der die Bestrahlung erfolgt. Danach allerdings verhindert die Scheibe das weitere Austrocknen. Decken Sie das Terrarium nie vollständig ab. Eine leichte Luftzirkulation muss stets möglich sein, und es darf nie muffig riechen.

› Eine Art »Wasserfall« kann das große Bedürfnis nach Feuchtigkeit bei Arten wie der Carolina-Dosenschildkröte stillen. Mithilfe einer schwachen Aquarienpumpe fließt der »Wasserfall« über ein Stück Teichvlies, das innen an der Scheibe hängt und von dort ins Becken abtropft. Das Vlies muss alle zwei Tage ausgewaschen und das Wasser gewechselt werden, weil sich sonst rasch muffig riechende Schleimpilze entwickeln.

Wohlfühlumgebung im Aquarium

Die Wasserqualität ist für das richtige Klima im Aquarium entscheidend. Sie benötigen einen möglichst großen Heizfilter, den Sie nach Hersteller-

Ein elektrischer Heizstab braucht einen Schutzkorb, damit er nicht zerschlagen wird und die Schildkröte sich nicht an ihm verbrennen kann.

angaben drosseln, bis nur noch eine leichte Strömung besteht. Er reinigt und heizt das Wasser zugleich. Der Abfluss im Innern des Aquariums wird mit einem handelsüblichen Schutzkorb versehen, und der Wasserwechsel, der alle 7–14 Tage anfällt, wird über ein Bodenventil erleichtert. Waschen Sie dabei alle vier bis sechs Wochen die Filterkörper – meist Schaumstoff – in kaltem Wasser aus.

Der Bodengrund kann aus feinem, weichem Sand bestehen. Er liegt nur 1–1,5 cm dick auf, soll hauptsächlich Spiegelungen vermeiden und sieht dazu gut aus. Je feiner er ist, umso weniger Mulm sammelt er in seinem Lückensytem an und umso leichter lässt er sich sauber halten. Sollte Ihre Schildkröte davon fressen, was sehr selten passiert, so können Sie den Sand auch durch ein handelsübliches Stück Kunstrasen (Kunststoff, kein Filz) ersetzen, das sich zudem leichter reinigen lässt.

Einrichtung des Terrariums

Eine Landschildkröte stellt einige Ansprüche an ihr Heim: Sie braucht viel Auslauf, ein Versteck für die Nacht, ein Badebecken mit benachbartem warmen Sonnenplatz sowie eine feuchte Buddelecke, die einem Weibchen auch als Eiablageplatz dienen sollte. Neben der Größe bestimmt vorwiegend die Innengestaltung eines Terrariums, ob sich Ihre Schildkröte darin wohlfühlt. Ganz entscheidend ist die Art und Weise, wie Sie es dekorieren. Nutzen Sie die Hinweise zu Herkunft und Verhalten der einzelnen Arten (→ Seite 20 f.), um die Einrichtung zu planen.

Innenausbau und Gestaltung

Verstecke dürfen gern schmal sein, aber nicht so eng, dass sich das Tier festklemmen kann. Das verhindern Sie durch einen weichen Boden. Die Schildkröte sollte immer die Möglichkeit haben, um Hindernisse herum oder über sie hinwegklettern zu können.
Das Wasserbecken orientiert sich an der Größe der Schildkröte, sodass sie mit ausgestreckten Beinen bequem hineinpasst. Der Wasserstand darf ihr nur bis unter den Halsansatz (dicht über dem Bauchschild) reichen. Der innere Rand ist flach, damit auch Jungtiere leicht aus dem Becken steigen können. Ebenso braucht das Becken von der Landseite her einen bequemen Zugang. Legen Sie im Uferbereich Sandsteinplatten aus, deren Schleifwirkung die Krallen kurz hält.
Der Futterplatz besteht aus einer Steinplatte, die größer ist als die ausgewachsene Schildkröte. Er sollte abseits der Strahler liegen. Wichtig: Ein Jungtier wird – besonders in einem geräumigen Terrarium – unmittelbar vor seinem Versteck gefüttert, weil es dieses nur ungern verlässt.

Wurzeln und Steine platzieren Sie so, dass auch eine Höhle für die Nacht entsteht. Achten Sie darauf, dass größere Steine standfest sind. Ganz schnell ist sonst eine Scheibe zerschlagen, wenn Schildkröten sie beim Klettern und Graben umwerfen können. Dasselbe gilt auch für die Bepflanzung.
Pflanzen sind in hohen Töpfen am sichersten. Wo die Schildkröte sie erreicht, frisst sie sie ab. Stellen Sie daher die Töpfe eventuell auf den Terrarienrand oder außerhalb des Beckens auf, wobei Ranken und Blätter von oben ins Terrarium hängen dürfen.
Beschäftigungsmöglichkeiten wie Graben und Klettern oder neugieriges Suchen mit Auge und Nase sollten Ihren Schützling täglich fordern. Legen Sie freie Flächen in Form einer Acht an, wobei die zwei »Ösen« der Acht je einen Hügel mit Bepflanzung enthalten. So bieten Sie Ihrem Tier interessante Spazierwege. Bedenken Sie, dass scheue Jungtiere anfangs ihr Versteck nur ungern verlassen. Warten Sie geduldig, bis Ihr Schützling sich von allein blicken lässt.

Pflanzen **richtig wählen**

IN GÄRTNEREIEN werden Sie gut beraten, welche Pflanzen am besten zu Ihrer Anlage passen.

IN FACHBÜCHERN finden Sie genaue Pflegeanleitungen und Warnungen vor Giftpflanzen.

KUNSTSTOFFPFLANZEN sind oft täuschend echt und außerdem pflegeleicht, allerdings tragen sie nichts zum Terrarienklima bei.

ARTGERECHT GESTALTEN Groß-zügig bemessene Terrarien lassen sich am besten artgerecht, dekorativ und interessant gestalten. Hier findet die Schildkröte sonnige, trockene Plätze, aber auch schattige, feuchte Verstecke. Um Futter und passende Temperaturen aufzusuchen, muss sie mehrmals am Tag umherlaufen und klettern. Unter diesen Umstän-den ist eine reine Zimmerhaltung für geeignete Arten akzeptabel. Das große Volumen der Anlage lässt eine stabile Klimaregulierung zu.

NATURNAH DEKORIEREN Die schönste Gestal-tung, die auch Ihre Wohnung bereichert, erzielen Sie mit naturnahen Dekomaterialien. Hier wurde mithilfe stabil liegender Felsbrocken und Ästen ein Ausschnitt aus der Natur wiedergeben. Trotz-dem ist noch genug Freifläche für die Bedürfnisse einer erwachsenen Schildkröte geblieben. Die Trinkschale ist aus rein praktischen Gründen für die tägliche Reinigung frei aufgestellt.

GESCHICKT BEPFLANZEN Arrangieren Sie die Bepflanzung im Terrarium so, dass Ihre Schild-kröte das Grün nicht erreichen kann. So vermei-den Sie, dass Ihre Pflanzen abgefressen werden.

Einrichtung des Aquariums

Gute Schwimmer unter den Wasserschildkröten brauchen viel freien Schwimmraum, einen geräumigen Landteil und ein sicheres Versteck, das sie von oben deckt. Oft nutzen sie den eingehängten Landteil dazu, wenn sie sich darunter auf einer Wurzel oder einem Stein abstützen können. Ebenso lieben es die Tiere, an der Oberfläche dahinzutreiben.

Schlammschildkröten ruhen sich gern auf stützenden Unterwasserstrukturen aus und warten auf vorbeitreibende Nahrung. Eine aus dem Wasser ragende Wurzel wird auch zum Sonnen genutzt. Beim Sprung vom Sonnenplatz ins tiefe Wasser darf das Tier – wie alle Wasserschildkröten – nicht mit dem Panzer am Boden aufschlagen. Bemessen Sie daher den Wasserstand ausreichend tief.

Versteckmöglichkeiten bieten

Die Tiere schätzen treibende Bruchstücke von trockenem Schilf sowie trockene Blätter von Rohrkolben oder Kiefernrinde (»Treibsel«). Diese sammeln sich zu kleinen schwimmenden Inseln, die treibenden Schildkröten Deckung bieten und dem Gewässer einen natürlichen Anstrich geben. Noch besser sind Wasserpflanzen, die zugleich der Ernährung dienen können und sich vor allem bei Fleischfressern, wie Schlammschildkröten (→ Seite 22), lange halten. Die Dekoration mit Pflanzen erfolgt – wie bei den Landschildkröten beschrieben – am besten außerhalb des Aquariums.

Den Landteil gestalten

Der Landteil dient dem Sonnenbad und der Eiablage. Zu diesem Zweck werden Landteil samt Zugang mit dem Spotstrahler auf 40–45 °C erwärmt.

Aussehen Der Landteil sollte etwa zwei- bis dreifach so lang sein wie der Panzer Ihrer Schildkröte. Sie muss sich drehen können und die Möglichkeit haben, sich seitlich vom Hitzepunkt des Spotstrahlers zu platzieren. Der Boden wird mit einem Sand-Laubwalderde-Gemisch im Verhältnis 1:1 aufgefüllt; die Bodentiefe entspricht der 1,5-fachen Panzerlänge des Tieres. Achten Sie darauf, dass der Zugang zum Landteil flach und sicher ist. Ebenso müssen die Seitenwände so hoch sein, dass die Schildkröte ihn nur in Richtung Wasser verlassen kann.

Anbringung Um viel Schwimmraum zu erhalten, wird der Landteil über der Wasseroberfläche angebracht. Er darf 3–5 cm eintauchen, solange sich die Schildkröte darunter nicht festklemmen kann. Hängen Sie den Landteil aus geklebten 3-mm-Plexiglasplatten oder handelsüblichen Kunststoffgefäßen mit 2–3 mm Zwischenraum zur Glasscheibe in zwei V2A-Bügel (vom Schlosser). Beide Bügel greifen jeweils an beiden Enden über den Glasrand des Aquariums (mit Zwischenlage aus Schaumstoff).

Kork als **Dekomaterial**

VIELFÄLTIG VERWENDBAR Korkteile bieten als Röhren einen sicheren Unterschlupf und als Platten gute Rampen zum Ausstieg oder Sonnenbad.

IMMER GUT BEFESTIGEN Der Kork muss mit Draht am Beckenrand fixiert werden, sodass er nicht ausweicht, wenn die Schildkröte ihn betritt. Das gilt vor allem für »schwimmende Inseln«.

KLETTERHILFE Eine große Kork-röhre ist ein ideales Dekorations-stück für ein Schildkrötenaquarium. Sie ist natürlich, und die raue Ober-fläche erleichtert das Klettern. We-gen ihrer isolierenden Eigenschaften leitet es die Wärme, die das Tier unter dem Spotstrahler aufnimmt, nicht gleich wieder über den Bauch-panzer ab. Die Schildkröte kann sich also schneller erwärmen als im Was-ser. Das Innere der Röhre bietet schlechten Schwimmern ein ideales Versteck nahe der Wasseroberfläche.

SONNENPLATZ Nicht alle Schildkröten mögen sich am Ufer sonnen. Dort fühlen sie sich nur sicher, wenn sie – im Fall einer drohenden Ge-fahr – mit einer einzigen Körperdrehung den Platz verlassen und sofort ins tiefe Wasser abtau-chen können. Besteht das Ufer aus Stein oder Kies, so messen Sie bitte mit einem Thermometer, ob der Untergrund etwa 40 °C warm ist und korri-gieren Sie gegebenenfalls den Strahlerabstand.

LAUFSTEG In einer Freianlage wird ein stabiler Holzstamm zum Sonnen und als Ausstieg genutzt. Deutlich zu sehen ist hier, dass die Schildkröte aus Sicherheitsgründen in der Nähe des Wassers bleibt.

Die Freianlage sinnvoll gestalten

Die Freianlage wird so ausgerichtet, dass die Morgen- und Nachmittagssonne darauf scheinen kann; eine ganztägige Besonnung ist ideal. Freianlagen ohne Glashaus sollten Schildkröten in unseren Breiten nur von Juni bis August bewohnen.

Nützliche Einrichtung

Bepflanzung Landschildkröten brauchen Schatten spendende und Früchte abwerfende Sträucher (Himbeere, Johannisbeere, Brombeere). Wasserschildkröten finden Kühlung im Schatten von Rohr-kolben und Schilf bzw. im tiefen Wasser des Teichs. Grasflächen werden als Kräuterwiese eingesät – es gibt spezielle Schildkrötenmischungen im Handel.

Dekoration Zum Sonnen schätzen Landschildkröten Erdhügel, auf denen sie sich effektiv zur Morgensonne ausrichten können. Wasserschildkröten tanken Wärme am Ufer oder auf Wurzeln, die über das Wasser ragen. Ein Badebecken für Landschildkröten wie im Terrarium und ein Abfluss für Niederschlagswasser, der Überschwemmungen bei Regen verhindert, komplettieren die Freianlage.

Wichtige Vorkehrungen

Ausbrüche verhindern Alle Freianlagen müssen mit einem mindestens 40 cm hohen, blickdichten Zaun aus Palisaden, (Well-)Eternit oder Schaltafelholz umgeben sein. Mein Tipp: Mauern speichern Wärme für die Nacht in Verbindung mit einem Glashaus (→ Abb. links). Für europäische Landschildkröten reicht die Einfriedung bei hartem Erdreich gut 30 cm tief in die Erde, um eine »Tunnelflucht« zu verhindern. Bei weichem Sandboden sind 50 cm zu empfehlen. Damit die Abgrenzung optisch erträglich bleibt, können Sie das Niveau der Freianlage tiefer legen oder entlang der Umfriedung außen Erde anhäufen. Können Kinder Ihr Grundstück betreten, müssen Sie den Teich zusätzlich mit einem Zaun sichern, um Unfällen durch Ertrinken vorzubeugen.

Feinde aussperren Krähen hacken Schildkröten mitunter die Augen aus oder tragen Jungtiere davon. Mit Netzen oder gespannten Schnüren über der Freianlage schützen Sie besonders junge Schildkröten vor derartigen Angriffen. In kleinen Gehegen verwenden Sie Hasengitter als Abdeckung. Nachts müssen die Tiere sicher vor Mardern und Katzen sein. Schließen Sie daher alle Klappen und Fenster des Unterschlupfes.

Planung einer Teichanlage

Für eine Wasserschildkröte gibt es nichts Besseres als ein Leben im Teich. Jedoch kommt in Mitteleuropa eine Freilandhaltung nur von Juni bis August in Frage. Mithilfe eines Glashauses können Sie aber auch das Frühjahr und den Spätsommer nutzen. Aus Platzgründen gebe ich Ihnen hier nur einen Überblick über die wichtigsten Eckpunkte für den Bau des Teiches. Wollen Sie ihn dann anlegen, empfehle ich Ihnen als weiterführende Lektüre meinen Ratgeber »Meine Schildkröte« (→ Bücher, Seite 62).

Form Der Teich sollte rund sein und eine breite, flache Uferzone sowie in der Mitte eine etwa 1 m tiefe Zone haben. Mit ca. 6 m Durchmesser fasst er etwa 5600 l Wasser, davon fast 4000 l im Uferbereich, wo sich das Wasser rasch in der Sonne erwärmt. In der Mitte pflanzen Sie Rohrkolben oder Schilf in eine sandgefüllte Wanne, und um diese Gruppe platzieren Sie bis zur Flachwasserzone hin ausgelaugte Baumstämme als Sonneninseln. Für eine fleischfressende Schlammschildkröte können Sie den Teich mit Wasserpest oder Hornkraut bepflanzen. Andere Schildkrötenarten jedoch werden jegliches Grün außer Schilf und Rohrkolben verzehren.

Technik Leben im oben beschriebenen Teich maximal drei Schildkröten, ist ein Filter entbehrlich, da der Wasserkörper die organische Belastung der Tiere verarbeitet. Gereinigt wird er bei Bedarf in der Mitte – dort liegt der meiste Abfall – mithilfe einer Schmutzwasser-Tauchpumpe.

Die Außenwand des Glashauses trennt den außen liegenden Teil des Teiches vom innen liegenden ab. Bei Kälte schwimmt die Schildkröte ins warme Innere.

Frühbeet und Gewächshaus

In Griechenland, der Heimat vieler Landschildkröten, sind die Tiere schon im Februar aktiv und mitunter bis Anfang Dezember im Freien anzutreffen. Mit einer Durchschnittstemperatur von etwa 20 °C und spärlichen Niederschlägen ist es von Mai bis Juni in Griechenland bereits doppelt so warm wie in Mitteleuropa, wo, begleitet von viel Regen, durchschnittlich nur 10 °C erreicht werden. Das zeigt: Unsere Sommer sind – verglichen mit der Heimat der Schildkröten – zu kühl und zu nass. Diesem Mangel können Sie aber vorbeugen. Setzen Sie Ihr Tier in ein Frühbeet oder Gewächshaus, in dem sich selbst bei schlechtem Wetter ein angemessenes Klima herstellen lässt. So bleibt die Schildkröte bis in den November hinein aktiv und kommt bereits Ende Februar/Anfang März aus der Winterruhe.

Leicht montiert – das Frühbeet

Mit etwa 1 m² Grundfläche ist das Frühbeet erheblich kleiner, preisgünstiger und leichter aufzustellen als ein Gewächshaus. Man erhält es montagefertig im Gartenfachhandel. Es dient Schildkröten als warmer Unterschlupf an kalten Tagen und in der Nacht. **Für Landschildkröten** wird das Frühbeet in der Freianlage leicht erhöht und mit der offenen Rückseite gegen eine Mauer aufgestellt, denn diese wirkt nachts als Wärmespeicher. Es sollte von der Morgensonne beschienen werden. Einlass gewährt eine Öffnung mit Schieber oder eine handelsübliche Katzenklappe. Sie können die Öffnung mit einer Laubsäge aus dem Plexiglas oder der Stegdoppelplatte leicht selbst heraussägen. **Wasserschildkröten** brauchen keine Klappe, da ihr Häuschen mit der Unterkante zu einem Viertel frei in das Teichwasser ragt, wenn Sie es am Ufer entsprechend aufstellen. So kann das Tier aus einem kalten Teich von unten ins Warme schwimmen. Für alle Fälle wird das Häuschen mit einem Spotstrahler ausgestattet, der mehrtägige Kälte-

Dosenschildkröten können nur mit der nötigen Umsicht im Sommer in der Freianlage gehalten werden.

einbrüche ausgleichen kann. Nächtliche Temperaturstürze unter 18 °C werden durch eine Heizmatte (→ Seite 33) abgefangen, die Sie an der Rückwand des Unterschlupfes anbringen. Dieser besteht aus einem Haufen Stroh oder trockenem Eichen- oder Buchenlaub. Auch um Hitzestau zu vermeiden, dunkeln Sie den Unterschlupf mit einer Schattierungsmatte ab. Dort bleibt es dann ab Mai auch nachts angemessen warm. Eine Abkühlung unter 12 °C muss auf jeden Fall verhindert werden (→ Seite 59).

Komfortabel – das Gewächshaus

Mit einem Gewächshaus erhält die Schildkröte ein geräumiges Großterrarium mit viel Auslauf. Außerdem passt eine Überwinterungskiste hinein, die Sie bodenbündig versenken. Es gibt auch halbe Anlehngewächshäuser, die – an die Hauswand gestellt – die Zuleitung von Heizung, Strom und Wasser aus dem Haus heraus erleichtern. Zudem dient die Hauswand als Wärmespeicher, sofern sie nicht bereits modern isoliert ist.

Standortwahl Das Gewächshaus sollte Morgensonne erhalten. Ein Zuviel an Mittagssonne verhindert man durch geschickte Bepflanzung. Laubbäume spenden im Sommer Schatten, während sie ohne Laub über Herbst, Winter und Frühjahr jeden Sonnenstrahl hindurchlassen. Verglast wird in der Regel mit Stegdoppelplatten aus Polycarbonat, die einen ausreichenden Wärmedämmwert haben. Ein automatischer, regelbarer Dachfensteröffner (mit Thermostat und Stellmotor) vermeidet Hitzestau.

Montage Während Sie das Gewächshaus für Landschildkröten auf einem einfachen Ringfundament errichten, ist die Aufstellung für Wasserschildkröten aufwendiger. Das Fundament ist nicht durchgängig, sondern hat in dem im Wasser stehenden Teil eine etwa 50 cm breite Unterbrechung als Durchlass für

Das Frühbeet ist ein sicherer Unterschlupf. Eine Rückwand aus Stein speichert Wärme, und die Schiebetür wird nachts mardersicher geschlossen.

die Schildkröte. Bauen Sie das Fundament, bevor Sie den Teich mit der Folie auskleiden. Anschließend legen Sie die Folie in einem Stück über den Teich und das später unter Wasser stehende Teilstück des Fundaments. Ein Vlies zwischen Folie und Beton schützt vor Beschädigung. Wenn Sie das Glashaus aufgestellt haben, steht seine dem Teich zugewandte Unterkante 1–3 cm tief im Wasser. So vermeidet man unerwünschte Zugluft.

Temperaturregelung Bedenken Sie bitte beim Betrieb des Glashauses, dass Sie die Temperatur 5–10 cm über dem Boden messen müssen. Dort kann es noch kalt sein, während sich im oberen Teil bereits die Hitze sammelt. Wegen der kalten Nächte im März müssen Sie nachts unbedingt heizen. Ein Heizkörper – elektrisch oder mit Anschluss an die Haustechnik – wärmt den Raum bei Bedarf. Eine tief hängende Wärmelampe ergänzt das Angebot.

Freianlage auf Terrasse oder Balkon

Sonnige Terrassen oder Balkone kommen ebenfalls als Standort für eine Freianlage infrage. Sie enthält dieselben Elemente wie das Zimmerterrarium, allerdings ohne Beleuchtungseinrichtung.

Korpus Er wird aus Holz gezimmert, am besten aus tiefimprägnierten Zaunlatten (Baumarkt). Kleiden Sie die Kiste mit Teichfolie aus und stoßen Sie mit dem Messer einige Löcher in den bodenbedeckenden Teil der Folie, damit überschüssiges Wasser abläuft. Sonst könnte die Anlage versumpfen.

Füllung Sie umfasst (von unten nach oben) eine 20 cm dicke Schicht Blähton (Gartenfachhandel), ein handelsübliches Wurzelvlies, wie es als Unterlage für Folienteiche verwendet wird, und eine Schicht Garten- oder Walderde. Letztere sollte nur so hoch sein, dass die Schildkröte später nicht

In Ihrem Teich gedeihen Futterpflanzen wie Wasserpest und Hornkraut, die Ihrer Wasserschildkröte ebenso schmecken wie Wasserschnecken.

herausklettern kann. Der Blähton dient als Feuchtigkeitsspeicher, der die Erde mit kapillar aufsteigender Feuchtigkeit versorgt, und das Wurzelvlies hindert eine grabende Schildkröte daran, bis zum Blähton vorzudringen.

Dach Es besteht aus zwei Plexiglasscheiben in einem Rahmen, der zur Traufe hin offen ist, sodass Regen ungehindert ablaufen kann (→ Abb. rechts). Hierzu schneiden Sie die Seitenränder der Kiste schräg zu, vorn etwa 10–15 cm niedriger als hinten. Liegt die Scheibe auf, entsteht eine Art »Pultdach«: Regen läuft leicht ab, und Sonne dringt gut ein. Sichern Sie die Scheiben mit einer Gummilitze (Seglereibedarf) gegen Abheben bei Windstößen.

Temperaturregelung Bei Sonnenschein wird die Scheibe entfernt und hinter die Kiste gestellt, bei kaltem Wetter wieder aufgelegt. Dies kann auch ein Thermo-Element erledigen, wie es zum Regeln einfacher Lüftungsklappen in Kleingewächshäusern zum Einsatz kommt. Einige ins Holz gebohrte Luftlöcher von 2 cm Durchmesser ermöglichen die Luftventilation selbst bei mehrtägig geschlossener Scheibe. Kontrollieren Sie bei geschlossener Scheibe aber trotzdem regelmäßig das Thermometer. Eine Schattierung der Scheibe, unter dem sich Ihr Tier seinen Ruheplatz eingerichtet hat, verhindert zusätzlich Hitzestau und vermittelt Geborgenheit.

Zugluft Auf Balkonen in oberen Stockwerken entsteht leicht Zugluft, auch wenn es am Boden windstill ist. Ein Paravent schafft Abhilfe. Eine Abdeckung aus Hasengitter schützt bei Bedarf vor Krähen.

Bepflanzung Topfpflanzen stellen Sie am besten neben die Kiste, sodass sich die Zweige teilweise über sie neigen und bei Bedarf beschatten.

Selbst wenn Sie keinen Garten haben, bietet eine geräumige Balkonanlage Ihrer Schildkröte die Möglichkeit eines Freilandaufenthalts. Je nach Bedarf und Schildkrötenart wird das Wasserbecken größer oder kleiner bemessen. Landlebende Sumpfschildkröten brauchen ein Versteck an Land.

Balkonanlage für Wasserschildkröten

Gehen Sie bei der Planung grundsätzlich wie bei der Anlage für Landschildkröten vor. Allerdings versenken Sie statt des Badebeckens eine Mörtelwanne als Miniteich und passen Ausmaße, Wassertiefe und Struktur nach den Angaben für das Zimmeraquarium an. Filtern und leeren Sie den Teich über ein handelsübliches Ablassventil am Boden. Dazu wird der Boden mit einem passenden Loch versehen. Verwenden Sie Ihren Aquarienfilter.

Gefahren auf dem **Balkon**

AUSBRUCH VERHINDERN Dichten Sie alle Ritzen zwischen Boden und Balkongeländer mit Brettern ab, damit Ihr Tier nicht abstürzt, falls es ausbricht.

FÜR WÄRME SORGEN Die Balkonanlage muss einen Spotstrahler haben, wenn Sie Ihr Tier bis zur Einleitung der Winterruhe darin pflegen wollen.

Gesunde Schildkröten

Eine artgerechte Haltung in einer anregenden Umgebung, ausreichend Bewegung und eine gesunde Ernährung – dies sind die Voraussetzungen, die dafür sorgen, dass sich Ihre Schildkröte bei Ihnen wohlfühlt. Doch auch die Gesundheitsvorsorge darf nicht zu kurz kommen. Wie Sie am besten vorgehen, erfahren Sie hier.

Schildkröten richtig füttern

Was füttern? Landschildkröten erhalten Frischfutter und zusätzlich frisches Heu. Wasserschildkröten füttern Sie je nach Angabe im Porträtteil und auf Seite 50 f. mit tierischer und eventuell pflanzlicher Kost in täglich wechselnder Zusammensetzung und Menge. Jungtiere sollten über den ganzen Tag verteilt tierisches Futter finden. Mit zunehmendem Alter füttern Sie ein- bis zweimal täglich. Dabei führen Sie Fastentage ein, an denen es nur ein kleines Häppchen Fertigfutter oder ein paar Wasserflöhe gibt. Am nächsten Tag verabreichen Sie dann wieder einen Fisch. Diese Art Wechsel entspricht mengenmäßig dem Nahrungsangebot in freier Natur.

Wann füttern? Der Zeitpunkt hängt von den Aktivitätszeiten Ihrer Schildkröte ab. Tagaktive Tiere erhalten die Hauptmenge (60–70 %) am frühen Vormittag und eine »Nebenmahlzeit« (30–40 %) am späten Nachmittag. Dämmerungsaktive Arten bekommen das Futter in der Morgen- und Abenddämmerung. Heu wird an Landschildkröten von Frühling bis Sommer als Beifutter gereicht, danach bis zum Herbst als Ernährungsgrundlage (→ Seite 48).

Wie viel füttern? Die richtige Tagesportion bestimmen Sie folgendermaßen: Lassen Sie Ihre Schildkröte einen Tag fasten. Wiegen Sie die empfohlene Futtermischung am nächsten Tag aus oder messen Sie sie mit einem flach gestrichenen Teelöffel ab. Füttern Sie das Tier so lange, bis es seine erste Gier verliert und bei der Nahrungsaufnahme deutlich langsamer bzw. wählerischer wird. Jetzt stellen Sie fest, wie viel gefressen wurde, indem Sie den Rest nachwiegen und vom Anfangswert abziehen. Füttern Sie von da an nur noch die Hälfte der im Versuch verfütterten Menge. Kontrollieren Sie durch regelmäßiges Wiegen die Gewichtszunahme Ihres Schützlings und führen Sie darüber Buch.

Ernährung der Landschildkröte

Generell sind Schildkröten »konservative Esser« und misstrauisch gegen alles Neue. Beachten Sie dies bitte bei dem so wichtigen Wechsel der Futtermittel und bleiben Sie beharrlich mit Ihrem Angebot. Im Frühjahr sollte alles frisch und nährstoffreich sein, im Sommer bis auf die Früchte eher trocken und ballaststoffreich.

Grundfutter – preiswert und gut

Heu Das beste Grundfutter für Ihre Landschildkröte ist Wiesenheu und gehört täglich frisch in die Raufe. Es beeinflusst die Darmtätigkeit positiv. Heu sollte wie frischer schwarzer Tee duften und darf nie muffig riechen. Frisches Heu gibt es außer beim Bauern auch als Bergwiesenheu für Schildkröten klein abgepackt im Zoofachhandel.

Blattwerk Seit vielen Jahren mache ich gute Erfahrungen mit Schnittgut von Feldahorn, Weißdorn, junger Birke, Hainbuche – aber bitte nicht vom Straßenrand. Gerne verzehrt werden auch Blätter der Weinrebe. Letztere eignen sich allerdings nur, wenn Sie sicherstellen können, dass diese nicht gespritzt sind.

Die optimale Standardmischung

Eine gesunde, eiweißreiche Frischkost bieten Sie mit dem folgenden »Menü« an. Es deckt den Bedarf an Eiweiß und Kalzium sowie Phosphor im richtigen Mischungsverhältnis.

100 Gramm Futtermischung enthalten:
› 80 g Römersalat
› 12 g Äpfel
› 5 g Bananen
› je 1 g Früchte, Möhre, Löwenzahn

Abwechslung bieten Ersetzen Sie den Römersalat durch Wildkräuter wie Giersch, Vogelmiere und verschiedene Wegericharten aus Ihrem Garten. Auch Weiß- und Rotklee, Taubnessel, Brennnessel, Zaunwinde und Platterbse sind willkommene Mahlzeiten. Es gibt Schildkröten-Kräuterwiesensamen (Zoofachhandel) zur Aussaat im Garten.

Kontrolle ausüben Die europäischen Landschildkröten dürfen niemals nur die Früchte fressen und den Rest liegen lassen. Stets muss am Tag die gesamte Mischung verzehrt werden. Sollten Sie dennoch feststellen, dass Ihr Schützling zwar mit Begeisterung die Früchte frisst, den Salat jedoch verschmäht, dann füttern Sie diesen – natürlich in frischer Form – am nächsten Tag ausschließlich. Beobachten Sie Ihre Schildkröte also bei der Futteraufnahme genau. Das gilt insbesondere, wenn zwei Schildkröten am selben Futternapf fressen. Nur so können Sie feststellen, ob sich beide Tiere gleichermaßen gemischt, also gesund, ernähren und ob jedes Tier seine Ration abbekommt.

Wissenschaftlich nachgewiesen

Studien von C. Dennert (→ Bücher, Seite 62) belegen, dass eine erwachsene Schildkröte folgende Nahrungsanteile benötigt:
› pflanzliches Eiweiß: 20 %; (25 % für Jungtiere)
› pflanzliches Rohfett: unter 10 %
› Rohfaseranteil: zwischen 12 und 30 %
› Kalk (Kalzium): 2 %
› Phosphor: 1,2 %

Eine mit verschiedenen Kräutern bepflanzte Freianlage bietet Landschildkröten abwechslungsreiche und stets frische Appetithappen.

Gutes Wiesenheu wird vom Sommeranfang bis zur Winterruhe in zunehmender Menge verfüttert. Es reguliert die Darmflora positiv.

Saatgutkeimlinge

Sie enthalten viele Vitamine, Mineral- und Ballaststoffe und sind zur täglichen Abrundung des Frischfutters sehr zu empfehlen. Die Lieferanten der Saat (Reformhaus, Naturkostladen) haben zur Keimung auch passende Behälter und genaue Anleitungen zur Hand. Die Samen werden – je nach Art – in unterschiedlicher Weise gewässert und anschließend aufgezogen.

Mein Tipp Ausgekeimter Weizen (10 cm hoch) eignet sich auch sehr gut dazu, um Heimchen vor dem Verfüttern an Wasserschildkröten ernährungstechnisch »wertvoller« zu machen. Lassen Sie die Heimchen den Weizen vorher abweiden.

Nahrungsergänzungsmittel

Kalk Grundsätzlich muss das Futter 1,5- bis 2-mal mehr Kalzium als Phosphor enthalten, was durch die genannten Futtermischungen sichergestellt ist. Bieten Sie zusätzlich Kalzium in Form einer Sepiaschale (Zoofachhandel) an, von der Ihre Schildkröte bei Bedarf abbeißen kann. Der Kalkbedarf ist bei Jungtieren und Weibchen in der Eibildungsphase besonders hoch.

Vitamine und Spurenelemente Sie sind voraussichtlich nicht erforderlich, wenn Ihre Schildkröte mit frischem (lebendem) Futter und UV-Licht versorgt wird und im Sommer im Freiland leben darf. Im Bedarfsfall werden sie nur nach Absprache mit dem Tierarzt verabreicht.

Fertigfutter

Bei der Vielzahl der Schildkrötenarten kann Fertigfutter manchmal nicht ganz die Ansprüche Ihrer Schildkröte erfüllen. Beachten Sie beim Futterkauf, dass die auf Seite 48 erwähnten Inhalte an Nährstoffen deklariert und nicht wesentlich über- oder unterschritten werden. Prüfen Sie daher vor dem Kauf handelsüblicher Futtermischungen, ob auf der Packungsangabe die richtigen Hinweise enthalten sind. Als Alleinfutter hält Fertigfutter den Vergleich mit Frischfutter nicht stand.

Ernährung der Wasserschildkröte

Im Gegensatz zu den meisten Landschildkröten ernähren sich die in diesem Ratgeber genannten Wasserschildkröten von Gemischtkost. Das heißt, sie verzehren Pflanzen und Kleintiere. Letztere – ernährungstechnisch als »tierisches Eiweiß« bezeichnet – finden sie an Land in Form von Kerbtieren, wie Grillen, Heuschrecken, Käfern und ihre Larven, Spinnen, Asseln, Tausendfüßern, Regenwürmern und Schnecken. Auch Aas wird nicht verschmäht. In Gewässern finden sich die von Jungtieren bevorzugten Krebstiere (Wasserflöhe), Insekten und ihre Larven (Mückenlarven, Wasserkäfer), Weichtiere (Muscheln und Schnecken), junge Fische im Ganzen sowie Amphibien und ihre Larven (Kaulquappen).

Abwechslungsreiche Diät

Junge Wasserschildkröten fressen fast ausschließlich Fleisch, solange sie im Wasser leben. Die Carolina-Dosenschildkröte geht dann mit zunehmendem Alter allmählich zur Gemischtkost über. Die Dreistreifen-Klappschildkröte nimmt im Alter etwa 75 % Fleisch und den Rest als Pflanzenkost zu sich, ebenso die Rotbauch-Spitzkopfschildkröte. Die Europäische Sumpfschildkröte bevorzugt auch im Alter etwa 90 % Fleischkost, während die Gewöhnliche Moschusschildkröte sich ihr ganzes Leben lang rein fleischlich ernährt.

Aspik-Futter – haltbar und vollwertig

Für Wasserschildkröten ist das Futter in Aspik wegen seiner vielfältigen Einsatzmöglichkeiten und bequemen Handhabung unschlagbar. Das folgende »Rezept« ist mit Bedacht gewählt und enthält alles, was für die gesunde Ernährung Ihrer Schildkröte erforderlich ist. Mit Zutaten, wie Tintenfisch, Muschelfleisch und frischen Garnelen, verändern Sie dann bei Bedarf den Geschmack.

Grundrezept Für ca. 1,3 kg benötigen Sie:
› 400 g Süßwasserfisch, ganz
› 200 g Rinderherz
› 200 g Tintenfisch, natürlich belassen
› 300 g Garnelen oder Krill (als Schrot mit 50 % Eiweiß aus dem Futtermittelhandel)
› 2 Hühnereier mit Schale
› Schale von 2 Hühnereiern oder Sepiaschale.

1 Käferlarven (hier *Zophobas*) kann man als Einzelgabe an Fastentagen oder gelegentlich als Beigabe zur Grundnahrung (Fisch, Krebstiere, Schnecken) füttern.

2 Arten, die wenig oder keine Pflanzenkost zu sich nehmen, lassen Ihre Teichpflanzen weitgehend unbehelligt, wie diese Europäische Sumpfschildkröte.

› bis zu 200 g Grünzeug – je nach Diätansprüchen Ihres Tieres – in Form junger Brennnesselblätter, Rucola, Klee, Vogelmiere, Karotten, Äpfeln, ungeschälter, gekochter Reis oder Maisgrieß.

Zubereitung Sämtliche Zutaten werden gründlich gewaschen und das Fleisch – getrennt von den übrigen Zutaten – jeweils mit Wasser in einem hochtourigen Mixer (Cutter) zu einem honigartig fließenden Brei püriert. Alles gut mischen und auf 80 °C erwärmen. Unter ständigem Rühren lassen Sie das Ganze auf ca. 50 °C abkühlen und setzen dann nach Vorschrift Speisegelatine und ein Vitamin-Mineralgemisch vom Tierarzt zu. Achten Sie auf qualitativ hochwertige Gelatine, nur diese zerfällt später nicht im warmen Wasser. Auf einem Backblech lassen Sie die Masse erstarren. Anschließend können Sie sie in Tagesrationen portionieren und in Plastikbeuteln für ein halbes Jahr tiefgefrieren. Das halbe Jahr darf aus lebensmitteltechnischen Gründen nicht wesentlich überschritten werden, um unerwünschte Zersetzungsprozesse zu vermeiden. Für Gemischtköstler und überwiegende Vegetarier wird das Aspik nur als Beifutter verwendet, während Sie das Pflanzenmaterial frisch verfüttern.

Fertignahrung

Naturgemäß ist dieses Futter pauschal zusammengestellt und trifft vielleicht nicht immer die Diätvorgaben in diesem Ratgeber. Für Gemischtköstler und reine Fleischfresser besteht das Futter aus »Extrudaten« mit etwa 40–50 % Eiweißanteil und 4–5 % Fettanteil. Falls Sie keine Angaben zum Kalzium-Phosphor-Verhältnis (etwa 2:1) finden, verwenden Sie es nur als »Beschäftigungsfutter« in kleinsten Mengen für Fastentage, jedoch nie als Alleinfutter zur Aufzucht von Jungtieren oder für Erwachsene.

Futtertiere züchten oder kaufen

TIPPS VOM SCHILD-
KRÖTEN-EXPERTEN
Dr. Hartmut Wilke

ZÜCHTEN ODER FANGEN Sie können Wasserflöhe, Regenwürmer oder Heimchen in Behältern zu Hause selbst züchten. Ausführliche Anleitungen dazu finden Sie in meinem Ratgeber »Meine Schildkröte« (→ Bücher, Seite 62). Wollen Sie die Tiere selbst fangen, beachten Sie bitte stets die Fischerei- und Naturschutzgesetze.

WASSERSCHNECKEN VERMEHREN Handelsübliche Schnecken (Zoofachhandel) können Sie leicht als Futtertiere in einem 40–60 l Aquarium vermehren. Stellen Sie das Aquarium ohne Heizung und Beleuchtung hell auf und füllen Sie es zu drei Viertel mit Wasser. Pflanzen Sie es voller Wasserpest und »düngen« diese mit einer Prise Fischfutter. Starten Sie mit 6–12 Schnecken einer Art. Diese fressen – je nach Familie – die sich bildenden Algen oder Schwebstoffe an der Wasseroberfläche und am Grund. Füttern Sie sie dann zusätzlich mit Flockenfutter.

LEBENDFUTTER (ZOOFACHHANDEL) Es ist in großer Auswahl verfügbar und ganzjährig erhältlich. Das Angebot umfasst Wasserflöhe, Heimchen, »Enchiträen« und »Tubifex« (gut spülen!).

Notwendige Pflegemaßnahmen

Als verantwortungsbewusster Schildkrötenhalter sollten Sie durch genaues Beobachten ein Gespür dafür entwickeln, wie Ihr Tier Wohlbefinden anzeigt oder einen »Notstand« signalisiert. So sichern Sie

Eine gesunde Schildkröte wird Sie stets aufmerksam im Auge behalten, wenn Sie sich dem Terrarium nähern.

durch rechtzeitiges Eingreifen Gesundheit und Vitalität Ihres Pfleglings. Eine konsequente Routine bei der Pflege hilft vorbeugend.

Terrarienpflege

› Täglich Kot- und Speisereste entfernen, Wasserschale mit heißem Wasser, Bürste und Spülmittel ohne Aromastoffe ausschrubben.

› Alle 14 Tage die nassen Erdpartien zwischen Wasserbecken und Landteil mit einem Esslöffel ausheben und gegen frisches Erdreich austauschen, da sie Brutstätten für Darmparasiten sind.

Aquarienpflege

› Täglich Kot- und Futterreste aus dem Filter oder vom Boden des Aquariums entfernen. Dort reinigen Sie mit einem Schlauch nach der Saughebermethode. Saugen Sie das Wasser aus hygienischen Gründen nicht mit dem Mund an, sondern füllen Sie den Schlauch durch Untertauchen im Aquarienwasser. Halten Sie das Schlauchende mit dem Daumen zu und öffnen Sie es erst, wenn das andere Ende, das Sie in der Hand halten, tiefer positioniert ist als der Wasserspiegel im Becken.

› Alle 2–3 Tage das Wasser wechseln, wenn Sie ein Jungtier nur in 10–20 l Wasser pflegen.

› Alle 1–3 Wochen (je nach Wasserbelastung) ein Drittel des Wassers austauschen und die Filtermasse mit kaltem, klarem Wasser ausspülen. So nehmen die nützlichen Kleinlebewesen, die darauf siedeln und das Wasser aufbereiten, keinen Schaden.

› Einmal monatlich das Wasser im Aquarium ablassen und den Mulm aus den Winkeln entfernen. Wurzeln und Scheiben mit einem Schwamm reinigen. Die Schildkröte sitzt derweil in ihrem Quarantänebehälter. Das frische Wasser wird vor dem Einsetzen der Schildkröte auf die vorgeschriebene Temperatur gebracht.

Kontrolle der Schildkröte

Als weitere Vorsorgemaßnahme sollten Sie Ihren Schützling sowie sein Verhalten und seine Entwicklung beobachten und regelmäßig kontrollieren.

› Täglich während der Aktivitätsphase prüfen, ob Verhalten und Appetit unauffällig sind.

› Einmal wöchentlich das Tier in die Hand nehmen, den Bauchpanzer, die tiefen Hautfalten und die Kloakenregion auf Unversehrtheit und Sauberkeit überprüfen. Ebenso Augen, Mundhöhle und Atemgeräusche kontrollieren.

› Einmal monatlich wiegen und Gewicht notieren.

› Einmal jährlich im August Kotproben und Gesundheitszustand vom Tierarzt checken lassen.

Gesundheitscheck

Selbst als Anfänger können Sie den Gesundheitszustand Ihrer Schildkröte feststellen, indem Sie sowohl ihren Körper als auch ihr Verhalten prüfen – am besten schon bei der Beschaffung. Folgende Merkmale kennzeichnen eine gesunde Schildkröte:

› Ihr Gewicht fühlt sich an, als hätten Sie einen gleich großen Kieselstein in der Hand.

› Junge Schildkröten strampeln beim Hochheben mit Armen und Beinen, erwachsene Tiere ziehen sich in den Panzer zurück (Abwehrverhalten).

› Die Augen sind klar, ohne Schleimbildung und weder eingesunken noch geschwollen.

› Das Trommelfell (hinter den Augen) ist glatt und nicht etwa nach außen vorgewölbt.

› Die Nase ist trocken und weist weder Ausfluss noch Bläschen auf. Der Atem ist geräuschfrei.

› Das Mundinnere ist rosa – nicht dunkelrot – und frei von käsigen oder anderen Belägen.

› Die Gliedmaßen sind fest und nicht auffallend geschwollen oder mager.

› Die Kloake weist keine Entzündungen oder Schwellungen auf, sondern ist sauber.

1 SONNENBAD Ausgestreckte Beine und abgelegter Kopf sind beim Sonnenbad üblich, als Dauerzustand aber Signal für eine ernste Schwäche.

2 ABSCHILFERUNGEN Lösen sich einzelne Hornschilde oder ganze Hautpartien ab, besteht kein Grund zur Unruhe. Dies ist bei vielen Wasserschildkröten von Zeit zu Zeit ganz normal.

3 KALKBEDARF Jungtiere und trächtige Weibchen haben einen hohen Kalkbedarf, der sich mit Sepiaschale aus dem Zoofachhandel decken lässt.

Verhaltensauffälligkeiten

Die Schildkröte liegt dauernd unter dem Spotstrahler und wirkt matt Außer einer Erkrankung kann eine zu kalte Anlage der Grund sein. Oder ein geschlechtsreifes Weibchen unterstützt durch Wärme seine Eientwicklung. Abhilfe: Stellen Sie im ersten Fall den bevorzugten Temperaturbereich Ihres Schützlings her. Lassen Sie im zweiten Fall das Weibchen in Ruhe, beobachten es aber weiter.

Die Schildkröte ändert dauerhaft ihren bevorzugten Aufenthaltsort Finden Sie Ihre Wasserschildkröte plötzlich an Land, ohne dass sie einen Sonnen- oder Eiablageplatz sucht, dann könnte das Wasser deutlich zu warm oder zu kalt geworden sein. Eine Landschildkröte reagiert auf zu warme oder zu kalte Terrarien mit leichtem Eingraben in der kühlsten Ecke und mit Apathie. Abhilfe: Tägliche Thermometerkontrolle und Wiederherstellung der im Porträt vorgegebenen Temperaturbereiche.

So rosig und glatt sieht ein gesunder Rachenraum aus. Er muss frei von Belägen und schaumigen Blasen sein.

Die Schildkröte läuft oder schwimmt unruhig umher Hier kommen mehrere Ursachen infrage:
> Sozialer Stress, wenn mehrere Tiere zusammen eine Anlage bewohnen. Halten Sie die Tiere getrennt.
> Geschlechtsreife Weibchen reagieren mit diesem Verhalten auf Legenot (→ unten).
> Die Temperatur stimmt nicht. Kontrollieren Sie das Thermometer täglich und sorgen Sie für die in den Porträts vorgegebenen Temperaturbereiche.
> Auch Störfaktoren wie Zugluft, Vibrationen von Maschinen oder Musikboxen oder etwa starke Gerüche wie Kamin- oder Tabakrauch können zu diesem Verhalten führen. Stellen Sie die Ursache ab.

Mögliche Krankheitsanzeichen

Geschwollene Augenlider Die Augen sind geschlossen und geschwollen. Ursachen: Zugluft, Fremdkörper, Verletzungen oder Vitamin-A-Mangel, bei Wasserschildkröten auch bakteriell belastetes Wasser. Gehen Sie zum Tierarzt.

Gesteigerte Unruhe Ein geschlechtsreifes Weibchen läuft tagelang unruhig umher und hält sich, wenn es sich um eine Wasserschildkröte handelt, auf dem Landteil auf. Es gräbt eventuell Löcher, ist aber nicht in der Lage, seine Eier abzulegen. Die Fersen der Hinterbeine sind im Extremfall aufgescheuert. Ursachen: Das Tier leidet unter Legenot. Abhilfe: Prüfen Sie, ob die Tiefe des Eiablageplatzes mindestens dem 1,5-fachen der Panzerlänge entspricht. Falls ja, gehen Sie sofort zum Tierarzt.

Atemnot Die Schildkröte reckt den Hals weit vor, öffnet den Mund und gibt fiepende, stöhnende oder schnarchende Geräusche von sich. Dazwischen senkt sie immer wieder müde den Kopf. Ursachen: Ernsthafte Krankheiten. Abhilfe: Sie dürfen die Schildkröte keinesfalls erwärmen. Bringen Sie sie sofort zum Tierarzt, wo sie geröngt werden muss.

Ein artgerechtes Umfeld schaffen

Sofern das Terrarienklima, die Ernährung, die Hygienebedingungen und der nötige Freiraum gewährleistet sind, wird die Schildkröte sich mit größter Wahrscheinlichkeit gesund bis ins hohe Alter entwickeln.

Tut gut

(+) Steht der Landschildkröte keine Freianlage zur Verfügung, bietet ein als Terrarium eingerichteter Wintergarten mit 2–4 m² Auslauf einen guten Ersatz.

(+) Ein Ziegelsteinunterschlupf im Glashaus dient in kalten Nächten als Wärmespeicher. Er verlangsamt das unerwünscht starke Absinken der Temperatur.

(+) Für eine gesunde Winterruhe bietet man Landschildkröten ab September nur etwa 50 % der üblichen Frischfuttermenge an. Ab Oktober erhalten sie kein Obst mehr, sondern nur noch Heu.

(+) Eine Freianlage braucht dieselbe Pflege wie ein Aquarium oder Terrarium, vor allem im Hinblick auf die Hygiene.

Besser nicht

(–) Landschildkröten sollte man niemals ein Leben lang im Terrarium unterbringen – man hält sie so in »Gefangenschaft«.

(–) Lassen Sie im Frühjahr die Schildkröte in der Freianlage nachts nicht auf unter 12 °C abkühlen. Das zehrt am Energiehaushalt und schädigt die Gesundheit.

(–) Landschildkröten darf man nicht das ganze Jahr über nur mit nährstoffarmen Salatsorten und/oder Trockenfutter versorgen, weil sonst die Gefahr der Fehlernährung besteht.

(–) Glauben Sie nicht daran, dass Ihre Schildkröte im Freiland ihr Leben auch ohne Ihre Fürsorge regeln könnte. Sie lebt in einem artfremden Klimabereich.

Die Schildkröte in der Winterruhe

Bereits im August eines jeden Jahres nehmen Sie eine Kotprobe nach Angabe des Tierarztes und führen unter seiner Anleitung eine eventuell notwendige Wurmkur durch. So bleibt vor der Einwinterung genug Zeit, um mögliche Erkrankungen zu behandeln und ausheilen zu lassen.

Einleitung der Winterruhe

Im Zimmerterrarium wird Ihre gesunde, entwurmte Schildkröte im Oktober oder November vielleicht noch umherlaufen oder schwimmen, aber nicht mehr fressen. Senken Sie nun in drei bis vier Schritten die Luft- und/oder Wassertemperatur in der Anlage, und zwar um jeweils 2–3 °C für je drei bis fünf Tage, also um insgesamt 10–12 °C. Nach etwa 14 Tagen sind Sie bei einer Umgebungstemperatur von etwa 15–17 °C angekommen. In dieser Zeit werden die meisten Arten appetitlos bleiben, den Darm entleeren, sich in einer dunklen Ecke ein-

graben und so das deutliche Signal geben, dass sie jetzt ihre Winterruhe beginnen möchten.

Im Gewächshaus findet die Schildkröte ohne Ihr Zutun – bedingt durch den Temperaturabfall und die Verkürzung der Tageslängen – von selbst in ihre Überwinterungskiste. Sobald sie ihr Quartier bezogen hat, schalten Sie Heizung und Strahler ab.

Die richtige Überwinterungstemperatur

Ganz gleich, ob an Land oder im Wasser, Ihre Schildkröte überwintert in der Regel bei 4–6 °C. Da aber auch in der Natur nicht jedes Jahr dieselben Wintertemperaturen herrschen, kann Ihr Schützling nach meinen Erfahrungen mit vorübergehenden Temperaturerhöhungen auf 10–12 °C schadlos (also ohne aktiv zu werden) umgehen. In diesem Zusammenhang verweise ich auf die sehr hilfreichen wissenschaftlichen Versuche von Pawlowski (→ Bücher, Seite 62). Beachten Sie aber bitte auch die Ausnahmen für Arten, bei denen die Überwinterungstemperatur von Natur aus noch höher liegen kann (→ Porträts, Seite 20 ff.).

Kontrolle und Pflege im Winter

Landschildkröten Wiegen Sie Ihr Tier vor dem Einwintern und notieren Sie das Gewicht. Wegen des stabilen Kleinklimas in der Überwinterungskiste muss nur alle drei Wochen kontrolliert werden. Zeigt das Hygrometer dort, wo sich die Schildkröte vergraben hat, noch 70–90 % Luftfeuchtig-

Wasserschildkröten dürfen in unseren Breiten nicht im Gartenteich überwintern. Viele sterben darin.

keit an? Wie riecht die Anlage? Es darf nichts schimmeln, muffig riechen oder nass sein. Etwaige nasse oder schimmelige Erde bzw. Laub müssen Sie unverzüglich austauschen. Ist es bei der Schildkröte zu trocken, dann befeuchten Sie die Blähtonschicht vorsichtig, ohne das Lager des Tieres zu benetzen. Wiegen Sie Ihre Schildkröte alle drei Wochen und notieren Sie das Gewicht.

Wasserschildkröten Kontrollieren Sie Tier und Winterquartier einmal pro Woche. Ist das Wasser klar, muss es nicht gewechselt werden. Im Bedarfsfall (milchige Trübung) kühlen Sie das saubere Austauschwasser vor einem Wechsel auf die erforderliche Wintertemperatur herunter. Wechseln Sie das Eichenlaub und reinigen Sie die Wanne mit einem Schwamm und klarem Wasser.

1 BADEZEIT In der Regel ist das Baden von Landschildkröten vor der Einwinterung überflüssig. Bei guter, nicht zu trockener Haltung entleert die Schildkröte ihren Darm von selbst. Macht sie das nicht »freiwillig«, zeigt sonst aber alle Anzeichen der Winterruhe (→ linke Seite), so baden Sie sie in 24 °C warmem Wasser. Es regt die Darmtätigkeit an und fördert die völlige Entleerung.

2 HERBSTZEIT Zunächst verweigert die Landschildkröte jegliche Futteraufnahme. Einige Tage später lässt ihre Bewegungsfreude nach, wenn sie ein dunkles, feuchtes, tiefgründiges Versteck im Terrarium gefunden hat, in dem sie zu überwintern gedenkt. Dort bleibt sie, bis Sie Ihren Schützling artgerecht bei abgesenkter Temperatur in sein Winterquartier setzen.

3 ABTAUCHEN So lautet im Herbst das Motto der Wasserschildkröte. In der Natur vergräbt sie sich im Schlamm oder am Ufer unter Wurzeln. Sie bieten ihr stattdessen lose schwimmendes Eichenlaub. Seine Gerbstoffe wirken keimhemmend, doch müssen Sie das Wasser sofort wechseln, wenn es milchig trüb wird. Dunkeln Sie das Winterquartier mit einem Deckel oder einer Folie ab.

Störungen während der Winterruhe

Deutliches Anzeichen, dass die Winterruhe anhält, ist die Bewegungslosigkeit des Tieres, das nur selten seine Position ändert. Zeigt Ihre Land- oder Wasserschildkröte aber laufend Bewegungsunruhe, dann ist die Winterruhe gestört. Prüfen Sie in diesem Fall bitte, ob Ihr Tier mehr als 10 % an Gewicht verloren hat. Wenn ja, brechen Sie die Winterruhe ab, wärmen Ihren Schützling langsam auf (→ rechts) und bringen ihn zum Tierarzt. Danach muss die Schildkröte nach ärztlicher Empfehlung und unter normalen Bedingungen im Terrarium oder Aquarium gesund gepflegt werden.

Geordnet auswintern

Eine Landschildkröte beendet ihre Winterruhe zwischen März und April und sitzt eines Tages auf dem Laub. Setzen Sie sie nun ins Terrarium und halten Sie sie zwei bis drei Tage bei 16–18 °C und weitere zwei Tage bei 18–20 °C. Danach darf sie in 22 °C warmer Kochsalzlösung (9 g Salz auf 1 l Wasser) baden. So kann sie trinken und den Flüssigkeitsverlust ausgleichen. Dann stellen Sie die artgerechte Terrarientemperatur her. Bieten Sie ihr täglich frisches Futter an, sie wird nach einer Woche fressen.
Eine Wasserschildkröte zeigt das Ende der Winterruhe durch gesteigerte Aktivität an. Bringen Sie

In einer großzügigen Freianlage wie dieser kann die Schildkröte sich bereits an warmen Märztagen im Freien aufhalten und Futter suchen. Wird es kälter, bietet das Glashaus ausreichend Platz für ihre Aktivitäten.

die Überwinterungswanne mitsamt der Schildkröte in einen hellen Raum ohne Heizung, wo sie sich über zwei Tage langsam auf 16–18 °C erwärmen kann. Entfernen Sie dazu die Abdeckung. Anschließend setzen Sie Ihr Tier in das gleichermaßen temperierte Aquarium oder Aquaterrarium. Erhöhen Sie jetzt im Lauf von zwei Tagen die Luft- und Wassertemperatur um jeweils 2 °C, bis die für die Art typischen Temperaturen erreicht sind. Nach etwa einer Woche nimmt die Schildkröte erstmals Nahrung auf.

Bei Überwinterung im Kühlschrank nehmen Sie den Behälter mit der Schildkröte zur gegebenen Zeit heraus und stellen ihn zwei Tage lang in ein ungeheiztes Zimmer bei 12–15 °C. So kann sich die Temperatur langsam angleichen, und die Schildkröte akklimatisiert sich. Anschließend setzen Sie Ihr Tier für weitere zwei Tage in das ungeheizte Terrarium bei 18 °C. Warten Sie, bis es anfängt, herumzulaufen. Erst dann, wenn es wirklich aktiv und wieder wach ist, schalten Sie Heizung und Strahler ein.

Auswintern im Glashaus

Durch die Heizwirkung der höher stehenden Sonne wird die Schildkröte bereits im Februar oder März wach. Das ist vorteilhaft für die Fortpflanzung, die dann früher einsetzt, sodass die Jungtiere für die erste Überwinterung bereits eine angemessene Größe erreicht haben. Stellen Sie nun Heizung und Beleuchtung auf die für das Terrarium empfohlenen Werte ein. Ebenso können Sie Ihre Schildkröte auch vorübergehend direkt ins Terrarium oder Aquarium setzen, bis die Nächte im Glashaus nicht mehr unter 16–18 °C fallen. Verhindern Sie danach Temperaturstürze unter 12 °C im Freiland. Das Immunsystem wird dadurch geschwächt, und es besteht Lebensgefahr. Ansonsten verfahren Sie, wie oben für Land- und Wasserschildkröte beschrieben.

Wissenswertes zur **Winterruhe**

TIPPS VOM SCHILD-
KRÖTEN-EXPERTEN
Dr. Hartmut Wilke

WINTERRUHE HINAUSZÖGERN Findet die Winterruhe im Gewächshaus statt und wollen Sie warten, bis Sie den ersten frischen Löwenzahn zum Verfüttern ernten können? Dann zögern Sie das Aufwachen Ihres Schützlings noch etwas hinaus, indem Sie das Haus gut lüften. Die Überwinterungsgrube schützen Sie mit einer Styroporplatte vor der Wärme des Tages, sodass sie nicht bis zu Ihrer Schildkröte vordringen kann.

NICHT IM FREIEN ÜBERWINTERN Sie kennen vielleicht Empfehlungen, die besagen, man könne in unseren Breiten Landschildkröten im Garten und Wasserschildkröten im Teich überwintern. Ich rate Ihnen strikt davon ab. Die meisten Regionen in Mitteleuropa sind dafür absolut ungeeignet, denn das Frühjahr ist zu wechselhaft und zu lange kalt. Für die meisten Schildkröten bedeutet diese Überwinterungsmethode den sicheren Tod.

GEDULD BEIM AUSWINTERN Ein schnelleres Aufwärmen auf Terrarientemperatur, als ich hier angegeben habe, entspricht nicht den natürlichen Gegebenheiten und kann für die Schildkröte unter Umständen tödlich enden.

Die Inhalte dieses Buch beziehen sich auf die Bestimmungen des deutschen Tier- bzw. Artenschutzes. In anderen Ländern können die Angaben abweichen sein. Erkundigen Sie sich daher im Zweifelsfall bei Ihrem Zoofachhändler oder der entsprechenden Behörde.

Adressen

Verbände/Vereine

› Deutsche Gesellschaft für Herpetologie und Terrarienkunde e. V. (DGHT), Postfach 14 21, 53351 Rheinbach, www.dght.de (Datenbank zu geschützten Reptilien und Amphibien, Fachliteratur und Mindestanforderungen zur Haltung von Reptilien u. a.)

Wichtiger **Hinweis**

› Elektrische Geräte Die in diesem Buch beschriebenen elektrischen Geräte für die Terrarienpflege müssen mit dem gültigen TÜV-Zeichen versehen sein. Beachten Sie die Gefahren im Umgang mit elektronischen Geräten und Leitungen, besonders in Verbindung mit Wasser. Die Anschaffung eines elektronischen Fehlstrom-Überwachungsgeräts oder Fehlstrom-Schutzschalters ist empfehlenswert.
› Hygiene Achten Sie unbedingt auf Ihre persönliche Hygiene, und waschen Sie sich nach dem Kontakt mit den Tieren die Hände.

› Arbeitsgemeinschaft Schildkröten der DGHT, Bernd Wolff, Druslach-str. 8, 67360 Lingenfeld, E-Mail: ag-schildkroeten@dght.de (für das deutschsprachige Europa)
› Bundesverband für fachgerechten Natur- und Artenschutz e. V. (BNA), Ostendstr. 4, 76707 Hambrücken, www.bna-ev.de
› Österreichische Gesellschaft für Herpetologie (ÖGH), c/o Naturhistorisches Museum Wien, Herpetologische Sammlung, Burgring 7, A–1010 Wien, www.nhm-wien.ac.at/nhm/herpet/index.htm
› Schildkröten-Interessengemeinschaft Schweiz (SIGS), Info-Tel. 00 41/79/432 76 32, www.sigs.ch

Schildkröten im Internet

› www.studbooks.org
ESF »European Studbook Foundation«; koordiniert die Zucht bedrohter Schildkrötenarten; man spricht deutsch
› www.bfn.de
Bundesamt für Naturschutz; aktueller Stand der Artenschutzgesetze
› www.wetteronline.de
Klimadaten weltweit, aktuell und Jahresstatistik

Fragen zur Terraristik beantworten

Ihr Zoofachhändler und der Zentralverband Zoologischer Fachbetriebe Deutschlands e. V., Tel. 0611/44 75 53 32 (nur telefonische Auskunft möglich: Mo 12–16 Uhr, Do 8–12 Uhr), www.zzf.de

Bücher

› Dennert, C.: Ernährung von Landschildkröten. Natur und Tier-Verlag, Münster
› Obst, F. J.: Die Welt der Schildkröten. Müller Rüschlikon Verlag, Stuttgart
› Wilke, H.: Meine Schildkröte. Gräfe und Unzer Verlag, München

Fachartikel

› Böttcher, M. (2007): Die Versorgung von Reptilien in der Terrarienhaltung mit ultraviolettem Licht. elaphe 15: 32–37
› Hoppe, B. (2000): UV- und Infrarot-Strahlung. www.reptilien-abc.de/hjb-zoo/licht-1/uv-licht-1.htm
› Pawlowski, S. (2004): Erfolgreiche Überwinterung verschiedener aquatischer Schildkröten im Haus bei Temperaturen von 12–15 °C. Radiata 13 (2): 3–9

Zeitschriften

› DATZ. Aquarien- und Terrarien-Zeitschrift. Eugen Ulmer Verlag, Stuttgart
› RADIATA. Zeitschrift der AG Schildkröten der DGHT (→ Adressen)
› Reptilia. Natur und Tier-Verlag, Münster
› Salamandra und elaphe. Zeitschriften für Herpetologie und Terrarienkunde, Herausgegeben von der DGHT (→ Adressen)

Freude am Tier

Die neuen Tierratgeber – da steckt mehr drin

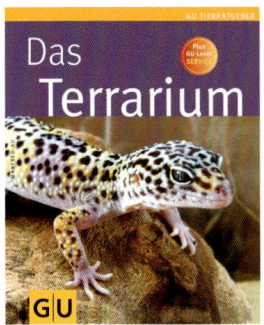

ISBN 978-3-8338-1168-5
64 Seiten

ISBN 978-3-8338-0524-0
64 Seiten

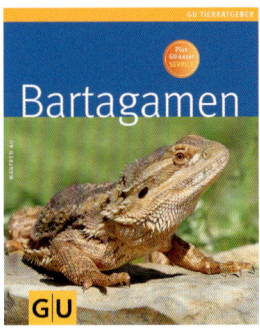

ISBN 978-3-8338-1164-7
64 Seiten

Preis je Band:
7,90 €

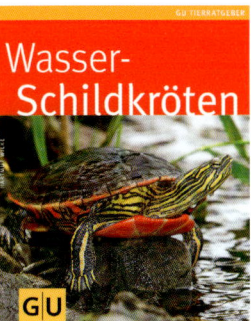

ISBN 978-3-8338-0594-3
64 Seiten

ISBN 978-3-8338-1206-4
64 Seiten

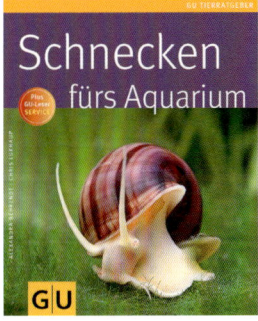

ISBN 978-3-8338-1521-8
64 Seiten

Änderungen und Irrtum vorbehalten.

Das macht sie so besonders:

Praxiswissen kompakt – vermittelt von GU-Tierexperten

Praktische Klappen – alle Infos auf einen Blick

Die 10 GU-Erfolgstipps – so fühlt sich Ihr Tier wohl

Willkommen im Leben.

Unsere Garantie

Alle Informationen in diesem Ratgeber sind sorgfältig und gewissenhaft geprüft. Sollte dennoch einmal ein Fehler enthalten sein, schicken Sie uns das Buch mit dem entsprechenden Hinweis an unseren Leserservice zurück. Wir tauschen Ihnen den GU-Ratgeber gegen einen anderen zum gleichen oder ähnlichen Thema um.

Liebe Leserin und lieber Leser,

wir freuen uns, dass Sie sich für ein GU-Buch entschieden haben. Mit Ihrem Kauf setzen Sie auf die Qualität, Kompetenz und Aktualität unserer Ratgeber. Dafür sagen wir Danke! Wir wollen als führender Ratgeberverlag noch besser werden. Daher ist uns Ihre Meinung wichtig. Bitte senden Sie uns Ihre Anregungen, Ihre Kritik oder Ihr Lob zu unseren Büchern. Haben Sie Fragen oder benötigen Sie weiteren Rat zum Thema? Wir freuen uns auf Ihre Nachricht!

Wir sind für Sie da!

Montag – Donnerstag: 8.00 – 18.00 Uhr; Freitag: 8.00 – 16.00 Uhr *(0,14 €/Min. aus dem dt. Festnetz/ Mobilfunkpreise können abweichen.)
Tel.: 0180 - 5 00 50 54*
Fax: 0180 - 5 01 20 54*
E-Mail: leserservice@graefe-und-unzer.de

P.S.: Wollen Sie noch mehr Aktuelles von GU wissen, dann abonnieren Sie doch unseren kostenlosen GU-Online-Newsletter und/oder unsere kostenlosen Kundenmagazine.

GRÄFE UND UNZER VERLAG
Leserservice
Postfach 86 03 13
81630 München

Programmleitung: Christof Klocker
Leitende Redaktion: Anita Zellner
Redaktion: Nadja Harzdorf
Lektorat: Gerdi Killer, bookwise GmbH, München
Bildredaktion: Petra Ender, Alexandra Dimitrijevic (Cover)
Zeichner: Johann Brandstetter
Umschlaggestaltung und Layout: independent Medien-Design, München
Herstellung: Claudia Labahn
Satz: Uhl + Massopust, Aalen
Reproduktion: Longo AG, Bozen
Druck: Firmengruppe APPL, aprinta druck, Wemding
Bindung: Firmengruppe APPL, sellier druck, Freising

Printed in Germany

ISBN 978-3-8338-1200-2

1. Auflage 2009

Der Autor

Dr. Hartmut Wilke ist Biologe und hat als Leiter des Exotariums, Zoo Frankfurt, und Leiter des Zoos in Darmstadt ein Berufsleben lang praktische Erfahrungen mit Schildkröten gesammelt. Seit jeher berät er auch Rat suchende Schildkrötenliebhaber. Davon profitiert auch dieser Ratgeber in besonderer Weise.

Die Fotografin

Christine Steimer arbeitet als freie Fotografin und hat sich auf Heimtierfotografie spezialisiert. Sie arbeitet für internationale Buchverlage, Fachzeitschriften und Werbeagenturen. Alle Fotos in diesem Buch stammen von Christine Steimer mit Ausnahme von: **Getty-images:** 6, 7-1; **Juniors:** 7-2

GRÄFE UND UNZER

Ein Unternehmen der
GANSKE VERLAGSGRUPPE